MARTIN KMENT

Beteiligung von Kommunen an der Wertschöpfung
erneuerbarer Energien

Schriften zum Öffentlichen Recht

Band 1540

Beteiligung von Kommunen an der Wertschöpfung erneuerbarer Energien

Eine vorrangig finanzverfassungsrechtliche Betrachtung

Von

Martin Kment

Duncker & Humblot · Berlin

Bibliografische Information der Deutschen Nationalbibliothek

Die Deutsche Nationalbibliothek verzeichnet diese Publikation in
der Deutschen Nationalbibliografie; detaillierte bibliografische Daten
sind im Internet über http://dnb.d-nb.de abrufbar.

Alle Rechte vorbehalten
© 2024 Duncker & Humblot GmbH, Berlin
Satz: 3w+p GmbH, Rimpar
Druck: CPI books GmbH, Leck
Printed in Germany

ISSN 0582-0200
ISBN 978-3-428-19273-1 (Print)
ISBN 978-3-428-59273-9 (E-Book)
Gedruckt auf alterungsbeständigem (säurefreiem) Papier
entsprechend ISO 9706 ♾

Internet: http://www.duncker-humblot.de

Vorwort

Die Energiewende stellt eine der bedeutendsten Herausforderungen unserer Gegenwart dar. Nur in Kooperation von Staat und Bürger kann sie erfolgreich gestaltet werden. Dabei hängt ihr Gelingen von vielfältigen Faktoren ab, unter anderem auch von der Akzeptanz der Bürgerinnen und Bürger. Mag diese Akzeptanz im Makrokosmos bundesweiter Perspektive überwiegend anzutreffen sein, schrumpft sie im Mikrokosmos konkreter Realisierungsprojekte bisweilen bedenklich stark. Dies kann dazu führen, dass kleinere belastete Gruppen spürbare Widerstände formieren und damit beträchtliche Verzögerungen, etwa beim Ausbau der erneuerbaren Energien provozieren. Solche Verzögerungen kann sich eine Gesellschaft, die sich in einem energiewirtschaftlichen Transformationsprozess befindet, letztlich auf Dauer nicht leisten.

Der Bundesgesetzgeber hat sich deshalb dazu entschieden, gesetzlich die finanzielle Beteiligung von Kommunen am Ausbau erneuerbarer Energien zu ermöglichen, um in der Bürgerschaft betroffener Gemeinden für mehr Akzeptanz zu sorgen. Die hierzu in § 6 EEG 2023 ergangene Regelung ist der Ausgangspunkt für die vorliegende rechtswissenschaftliche Untersuchung. Unter dem Eindruck der Entscheidung des BVerfG zum Gemeindebeteiligungsgesetz Mecklenburg-Vorpommern aus dem Jahr 2022 betrachtet sie denkbare Modifikationen und Erweiterungen des bestehenden § 6 EEG 2023, wobei die finanzverfassungsrechtliche Zulässigkeit im Vordergrund steht.

Der Beitrag geht auf ein Rechtsgutachten zurück, welches der Verfasser dem Bundesministerium für Wirtschaft und Klimaschutz erstellt hat; es ist auf den Internetseiten des Ministeriums abrufbar. Der Verfasser dankt dem Bundesministerium für die Erlaubnis zur Publikation der rechtswissenschaftlichen Ergebnisse. Alle in der Publikation zitierten Internetfundstellen waren am 31.01.2024 abrufbar.

Augsburg, im Mai 2024ențe*Martin Kment*

Inhaltsverzeichnis

A. **Einleitung** 15
    I. Ringen um mehr Akzeptanz beim Ausbau der Windenergie 15
        1. Klimaschutzziele der Bundesrepublik Deutschland 15
        2. Akzeptanzprobleme und finanzielle Beteiligung 16
        3. Der Ausgleichsanspruch nach § 6 EEG 2023 17
            a) Entstehungsgeschichte 17
            b) Regelungsinhalt und normatives Umfeld 18
                aa) Mögliche Zahlungen an betroffene Standortgemeinden 18
                bb) Ausgleichsanspruch 18
    II. Zukunftsfragen 19

B. **Finanzverfassungsrechtliche Grundlagen** 20
    I. Steuern und nicht-steuerliche Abgaben 20
        1. Merkmale von Steuern 21
            a) Steuerbegriff 21
            b) Zwecksteuern 22
            c) Lenkungssteuern 22
        2. Nicht-steuerliche Abgaben 23
            a) Allgemeine Merkmale 23
            b) Ausgewählte Typen nicht-steuerlicher Abgaben 24
                aa) Sonderabgaben 24
                bb) Abschöpfungsabgaben 26
                cc) Abgaben ohne Finanzierungszweck 28
                dd) Fremdnützige Finanzierungsabgaben 28
    II. Verfassungsrechtliche Ausgabenkompetenz und Steuerertragsaufteilung 29
        1. Ausgabenverantwortung nach Art. 104a GG 29
            a) Grundsätze 29
            b) Verhältnis des Bundes zu den Kommunen 30
        2. Steuerertragskompetenz nach Art. 106 GG 31
            a) Grundsätze 31
            b) Finanzielle Verschiebungen zugunsten oder zulasten eines anderen Hoheitsträgers 31
            c) Verhältnis des Bundes zu den Kommunen (Art. 106 Abs. 9 GG) 32

III. Gestaltung des staatlichen Außenkontakts zum Bürger 32
  1. Einflussnahme durch den Bund 32
  2. Aufgabenübertagungsverbot nach Art. 84 Abs. 1 S. 7 GG 33
IV. Entscheidung des Bundesverfassungsgerichts zum Bürger- und Gemeindebeteiligungsgesetz Mecklenburg-Vorpommern 35
  1. Wesentliche Regelungsstruktur des BüGembeteilG MV 35
    a) Gesellschaftsanteile 35
    b) Ausgleichsabgabe und Sparprodukte 36
    c) Andere Formen der wirtschaftlichen Teilhabe, insbesondere vergünstigter lokaler Stromtarif 37
    d) Ausnahmen 37
    e) Informationspflichten 38
    f) Sanktionen 38
  2. Feststellungen des BVerfG 38
    a) Gesetzgebungskompetenzen 38
    b) Kompetenzrechtliche Zulässigkeit der nicht-steuerlichen Abgabe 39
    c) Ausschöpfen der Gesetzgebungskompetenz durch den Bund 41
    d) Vereinbarkeit mit den Grundrechten des Beschwerdeführers 42

C. Varianten bei der finanziellen Beteiligung von Kommunen an der Wertschöpfung erneuerbarer Energien 44
  I. Vorbemerkung 44
  II. Einführung einer bundesrechtlichen Zweckvorgabe bzgl. der Verwendung des Mittelzuflusses 44
    1. Ausgestaltungsmerkmale 44
    2. Finanzverfassungsrechtliche Beurteilung 45
      a) Verstoß gegen Art. 84 Abs. 1 S. 7 GG 45
        aa) Anforderungen des Art. 84 Abs. 1 S. 7 GG 45
        bb) Verpflichtung der Gemeinde 45
        cc) Erstmalige Aufgabe 46
      b) Kein relatives Verbot 46
      c) Aufgabenzuweisung mit finanzieller Ausstattung 47
    3. Zwischenergebnis 48
  III. Verpflichtende finanzielle Beteiligung 48
    1. Einführung einer verpflichtenden finanziellen Beteiligung von Gemeinden ... 48
    2. Finanzverfassungsrechtliche Beurteilung bei ausbleibender Entschädigung ... 48
      a) Materielle Qualifikation 49
      b) Beurteilung im Einzelnen 49
        aa) Sonderabgabe 49
        bb) Abschöpfungsabgabe 52
        cc) Sonstige Abgabeformen 55

Inhaltsverzeichnis 9

    dd) Steuer 56
   c) Zwischenergebnis 57
 3. Finanzverfassungsrechtliche Beurteilung bei Entschädigung aller Vorhabenträger 58
   a) Merkmale dieses Modells 58
   b) Rechtliche Beurteilung 58
 4. Finanzverfassungsrechtliche Beurteilung bei selektiver Entschädigung 60
   a) Merkmale dieses Modells 60
   b) Rechtliche Beurteilung 60
    aa) Differenzierung der Zahlungsverpflichteten 60
    bb) Möglicher Verstoß gegen Art. 104a GG 60
 5. Finanzverfassungsrechtliche Beurteilung bei selektiver Entschädigung einer selektiv belasteten Gruppe 61
   a) Merkmale dieses Modells 61
   b) Rechtliche Beurteilung 61
IV. Einführung eines gesellschaftsrechtlichen Beteiligungsmodells 62
 1. Finanzverfassungsrechtliche Beurteilung bei ausbleibender Entschädigung ... 62
   a) Merkmale dieses Modells 62
   b) Rechtliche Beurteilung 62
    aa) Pflicht zur Angebotsunterbreitung 62
    bb) Ausgleichszahlung 63
 2. Finanzverfassungsrechtliche Beurteilung bei Entschädigung aller Vorhabenträger 64
   a) Merkmale dieses Modells 64
   b) Rechtliche Beurteilung 64
 3. Finanzverfassungsrechtliche Beurteilung bei selektiver Entschädigung 64
   a) Merkmale dieses Modells 64
   b) Rechtliche Beurteilung 65

D. Landesrechtliche Regelungskonzepte 66
 I. Vorgaben zur Zweckverwendung 66
II. Verbindliche finanzielle Beteiligung 67
 1. Finanzverfassungsrechtliche Beurteilung bei ausbleibender Entschädigung ... 67
   a) Merkmale dieses Modells 67
   b) Finanzverfassungsrechtliche Beurteilung 67
    aa) Nicht-steuerliche Abgabe 67
    bb) Zur möglichen Sonderabgabe 67
    cc) Sonstiges Finanzverfassungsrecht 69
   c) Beachtung von Grundrechten 70
   d) Sachkompetenz des Landesgesetzgebers 70
 2. Finanzverfassungsrechtliche Beurteilung bei Entschädigung aus Landesmitteln 72

E. Kombination von Bundes- und Landesrecht 73
    I. Ausgestaltungsmerkmale 73
    II. Finanzverfassungsrechtliche Beurteilung 73
        1. Qualität der Öffnungsklausel 73
        2. Rechtliche Beurteilung der Zahlungspflicht 74
        3. Rechtliche Beurteilung des Ausgleichsanspruchs finanziert aus Bundesmitteln 74

F. Kontext des Gutachtens und Fazit 75
    I. Kontext des Gutachtens 75
    II. Änderungsaktivitäten des Bundes 75
        1. Verpflichtende finanzielle Beteiligung und Zweckvorgaben 75
        2. Entschädigungen 76
        3. Gesellschaftliche Beteiligungsmodelle 76
    III. Änderungsaktivitäten auf Ebene der Länder 77
        1. Abgabenpflicht 78
        2. Entschädigungen 78
    IV. Kombination von Bundes- und Landesrecht 78

Literaturverzeichnis 80

Stichwortverzeichnis 83

Abkürzungsverzeichnis

a. A.	andere Ansicht
ABl.	Amtsblatt
Abs.	Absatz
AbwAG	Abwasserabgabengesetz in der Fassung der Bekanntmachung vom 18. Januar 2005 (BGBl. I S. 114), das zuletzt durch Artikel 2 der Verordnung vom 22. August 2018 (BGBl. I S. 1327) geändert worden ist
a. F.	alte Fassung
AO	Abgabenordnung in der Fassung der Bekanntmachung vom 1. Oktober 2002 (BGBl. I S. 3866; 2003 I S. 61), die zuletzt durch Artikel 14 des Gesetzes vom 27. März 2024 (BGBl. 2024 I Nr. 108) geändert worden ist
Art.	Artikel
BauGB	Baugesetzbuch in der Fassung der Bekanntmachung vom 3. November 2017 (BGBl. I S. 3634), das zuletzt durch Artikel 3 des Gesetzes vom 20. Dezember 2023 (BGBl. 2023 I Nr. 394) geändert worden ist
BBH	Becker, Büttner, Held PartGmbB
BBHC	Becker, Büttner, Held Consulting AG
BFH	Bundesfinanzhof
BFHE	Entscheidungen des Bundesfinanzhofs
BGBl.	Bundesgesetzblatt
BGH	Bundesgerichtshof
BGHZ	Entscheidungen des Bundesgerichtshofes in Zivilsachen
BImSchG	Bundes-Immissionsschutzgesetz in der Fassung der Bekanntmachung vom 17. Mai 2013 (BGBl. I S. 1274; 2021 I S. 123), das zuletzt durch Artikel 11 Absatz 3 des Gesetzes vom 26. Juli 2023 (BGBl. 2023 I Nr. 202) geändert worden ist
BMI	Bundesministerium des Innern und für Heimat
BMJ	Bundesministerium der Justiz
BNatSchG	Bundesnaturschutzgesetz vom 29. Juli 2009 (BGBl. I S. 2542), das zuletzt durch Artikel 3 des Gesetzes vom 8. Dezember 2022 (BGBl. I S. 2240) geändert worden ist
BR-Drs.	Bundesratsdrucksachen
BT-Drs.	Bundestagsdrucksachen
BüGembeteilG MV	Gesetz über die Beteiligung von Bürgerinnen und Bürgern sowie Gemeinden an Windparks in Mecklenburg-Vorpommern vom 18. Mai 2016 (GVOBl. M-V S. 258), das zuletzt durch Artikel 1 Erstes ÄndG zum Bürger- und GemeindenbeteiligungsG vom 26. Juni 2021 (GVOBl. M-V S. 1032) geändert worden ist
BVerfG	Bundesverfassungsgericht
BVerfGE	Bundesverfassungsgerichtsentscheidung
BVerwG	Bundesverwaltungsgericht
BVerwGE	Bundesverwaltungsgerichtsentscheidung

bzgl.	bezüglich
bzw.	beziehungsweise
CO_2	Kohlenstoffdioxid
DVBl.	Deutsches Verwaltungsblatt
EEG	Erneuerbare-Energien-Gesetz
EE-RL	Richtlinie (EU) 2018/2001 des europäischen Parlaments und des Rates vom 11. Dezember 2018 zur Förderung der Nutzung von Energie aus erneuerbaren Quellen
EL	Ergänzungslieferung
EnFG	Energiefinanzierungsgesetz vom 20. Juli 2022 (BGBl. I S. 1237, 1272), das zuletzt durch Artikel 5 des Gesetzes vom 26. Juli 2023 (BGBl. 2023 I Nr. 202) geändert worden ist
EnWG	Energiewirtschaftsgesetz vom 7. Juli 2005 (BGBl. I S. 1970, 3621), das zuletzt durch Artikel 1 des Gesetzes vom 5. Februar 2024 (BGBl. 2024 I Nr. 32) geändert worden ist
EU	Europäische Union
EuZW	Europäische Zeitschrift für Wirtschaftsrecht
f./ff.	folgend/e
FA	Fachagentur
gem.	gemäß
GG	Grundgesetz für die Bundesrepublik Deutschland in der im Bundesgesetzblatt Teil III, Gliederungsnummer 100-1, veröffentlichten bereinigten Fassung, das zuletzt durch Artikel 1 des Gesetzes vom 19. Dezember 2022 (BGBl. I S. 2478) geändert worden ist
HSUG	Hessisches Gesetz über Sonderurlaub für Mitarbeiterinnen und Mitarbeiter in der Jugendarbeit, Gesetz- und Verordnungsblatt für das Land Hessen, 1994, Teil I, S. 126
i. e. S.	im engeren Sinn
IKEM	Institut für Klimaschutz, Energie und Mobilität
IÖW	Institut für ökologische Wirtschaftsforschung
i. V. m.	in Verbindung mit
KommJur	Kommunaljurist
KSG	Bundes-Klimaschutzgesetz vom 12. Dezember 2019 (BGBl. I S. 2513), das durch Artikel 1 des Gesetzes vom 18. August 2021 (BGBl. I S. 3905) geändert worden ist
KSG BW	Klimaschutzgesetz Baden-Württemberg vom 23. Juli 2013, G aufgeh. durch Artikel 30 S. 2 des Gesetzes vom 7. Februar 2023 (GBl. S. 26, 48).
LT-Drs.	Landtagsdrucksachen
Mio.	Millionen
NABEG	Netzausbaubeschleunigungsgesetz Übertragungsnetz vom 28. Juli 2011 (BGBl. I S. 1690), das zuletzt durch Artikel 10 des Gesetzes vom 22. Dezember 2023 (BGBl. 2023 I Nr. 405) geändert worden ist
NJW	Neue Juristische Wochenschrift
Nr.	Nummer
NuR	Natur und Recht
NVwZ	Neue Zeitschrift für Verwaltungsrecht
NVwZ-RR	Neue Zeitschrift für Verwaltungsrecht Rechtsprechungs-Report
o. g.	oben genannte/n

Rn.	Randnummer
S.	Satz/Seite
sog.	sogenannte
StuW	Zeitschrift Steuer und Wirtschaft
u. a.	unter anderem
UMTS	Universal Mobile Telecommunications System
Univ.	Universität
Verf.	Verfasser
vgl.	vergleiche
Vorb.	Vorbemerkung
WHG	Wasserhaushaltsgesetz vom 31. Juli 2009 (BGBl. I S. 2585), das zuletzt durch Artikel 7 des Gesetzes vom 22. Dezember 2023 (BGBl. 2023 I Nr. 409) geändert worden ist
WindBG	Windenergieflächenbedarfsgesetz vom 20. Juli 2022 (BGBl. I S. 1353), das zuletzt durch Artikel 6 des Gesetzes vom 26. Juli 2023 (BGBl. 2023 I Nr. 202) geändert worden ist
z. B.	zum Beispiel
ZfBR	Zeitschrift für deutsches und internationales Bau- und Vergaberecht
ZNER	Zeitschrift für Neues Energierecht
ZUR	Zeitschrift für Umweltrecht

A. Einleitung

I. Ringen um mehr Akzeptanz beim Ausbau der Windenergie

1. Klimaschutzziele der Bundesrepublik Deutschland

Die Energieversorgung in der Bundesrepublik Deutschland durchläuft einen gewaltigen Transformationsprozess. Erklärtes Ziel des Gesetzgebers ist ausweislich § 1 Abs. 1 EEG 2023[1]

> „im Interesse des Klima- und Umweltschutzes die Transformation zu einer nachhaltigen und treibhausgasneutralen Stromversorgung, die vollständig auf erneuerbaren Energien beruht."

Der Bundesgesetzgeber hat zur Verwirklichung dieses Ziels große Anstrengungen unternommen, um die hierzu erforderlichen gesetzlichen Grundlagen bereitzustellen. Das Gesetz zur Beschleunigung des Energieleitungsausbaus vom 13.05.2019,[2] das Gesetz zur Änderung des Erneuerbare-Energien-Gesetzes und weiterer energierechtlicher Vorschriften vom 21.12.2020,[3] das Gesetz zu Sofortmaßnahmen für einen beschleunigten Ausbau der erneuerbaren Energien und weiteren Maßnahmen im Stromsektor vom 20.07.2022,[4] das Gesetz zur Erhöhung und Beschleunigung des Ausbaus von Windenergieanlagen an Land vom 20.07.2022[5] oder das Gesetz zur Beschleunigung von verwaltungsgerichtlichen Verfahren im Infrastrukturbereich vom 14.03.2023[6] sind nur eine *Auswahl* von Rechtsakten, die zu maßgeblichen Modifikationen des EnWG, EEG, BauGB, KSG und NABEG – um einige zentrale Normkomplexe zu nennen – geführt haben. Neue Gesetzeswerke, wie das WindBG,[7] wurden zudem eigens geschaffen.

Die angestoßenen Veränderungsprozesse in der Stromerzeugung reagieren auf den großen Anteil des Energieerzeugungssektors am Ausstoß klimaschädlicher CO_2-Gase. Nach Angaben des Umweltbundesamtes ist die Belastung des Klimas im Jahr

---

[1] Erneuerbare-Energien-Gesetz vom 21.07.2014 (BGBl. I 2014, S. 1066), zuletzt geändert durch Art. 4 des Gesetzes vom 26.07.2023 (BGBl. I 2023, Nr. 202).

[2] BGBl. I 2019, S. 706.

[3] BGBl. I 2020, S. 3138.

[4] BGBl. I 2022, S. 1237.

[5] BGBl. I 2022, S. 1353.

[6] BGBl. I 2023, Nr. 71.

[7] Gesetz zur Festlegung von Flächenbedarfen für Windenergieanlagen an Land vom 20.07.2022, BGBl. I 2022, S. 1353; zuletzt geändert durch Art. 13 des Gesetzes vom 22.03.2023, BGBl. I 2023, Nr. 88.

2022 sogar noch einmal auf insgesamt 256 Mio. Tonnen CO_2-Äquivalente gestiegen.[8] Grund für diese Entwicklung ist, dass trotz des bilanz-dämpfenden Einsatzes erneuerbarer Energien ein

> „vermehrter Einsatz vor allem von Stein- und Braunkohle zur Stromerzeugung die Emissionen steigen lässt."[9]

Diese unerfreuliche Entwicklung steht im Widerspruch zur Zielsetzung des Staates, gem. § 1 Abs. 2 EEG 2023 den Anteil des aus erneuerbaren Energien erzeugten Stroms am Bruttostromverbrauch im Staatsgebiet der Bundesrepublik Deutschland einschließlich der deutschen Ausschließlichen Wirtschaftszone auf mindestens 80 % im Jahr 2030 zu steigern. Es wird offensichtlich, dass es erheblicher Anstrengungen bedarf, um kurzfristig den Ausbau erneuerbarer Energien voranzubringen.

2. Akzeptanzprobleme und finanzielle Beteiligung

Die weiterhin unbefriedigende Bilanz beim Ausbau erneuerbarer Energien hat unterschiedliche Ursachen.[10] Neben rechtlichen Hürden wird durchaus auch die mancherorts anzutreffende, fehlende Akzeptanz der Bevölkerung als Hemmschuh des Ausbaus erneuerbarer Energien identifiziert.[11]

Obschon regelmäßige Umfragen ergeben, dass die gesamtgesellschaftliche Stimmung gegenüber dem Ausbau der erneuerbaren Energien durchaus positiv ist,[12] können in der Tat gerade in der lokalen Ansiedlungssituation einzelne Betroffene oder kleinere belastete Gruppen merkliche Widerstände gegen die Windenergie formieren und zu Verzögerungen beim Ausbau der erneuerbaren Energien führen. Auffällig ist, dass sich nur selten eine geschlossene Gruppe von Anwohnern findet, die sich aktiv *für* die Ansiedlung der erneuerbaren Energien ausspricht.[13] Die Mehrheit der Bevölkerung bleibt eher passiv. Von daher ist es plausibel, von einer finanziellen Partizipation von Standortgemeinden an der Wertschöpfung der Windenergie positive Effekte für den Ausbau der erneuerbaren Energien zu erwarten und auf eine Aktivierung größerer (finanziell profitierender) Teile der Bevölkerung

---

[8] Pressemitteilung 11/2023 vom 15.03.2023, https://www.umweltbundesamt.de/presse/pressemitteilungen/uba-prognose-treibhausgasemissionen-sanken-2022-um.

[9] Pressemitteilung 11/2023 vom 15.03.2023, https://www.umweltbundesamt.de/presse/pressemitteilungen/uba-prognose-treibhausgasemissionen-sanken-2022-um.

[10] *Kment*, NVwZ 2022, 1153 (1153 f.); *Grigoleit/Engelbert/Strothe/Klanten*, NVwZ 2022, 512 (512 f.).

[11] *Erbguth*, DVBl. 2023, 133 (134); *Vollprecht*, ZUR 2017, 698 (698 ff.).

[12] *FA-Windenergie an Land*, Umfrage zur Akzeptanz der Windenergie an Land, 2020, https://www.fachagentur-windenergie.de/fileadmin/files/Veroeffentlichungen/Akzeptanz/FA_Wind_Umfrageergebnisse_Herbst_2020.pdf.

[13] *IÖW/IKEM/BBH/BBHC*, Finanzielle Beteiligung von betroffenen Kommunen bei Planung, Bau und Betrieb von erneuerbaren Energien, 2020, S. 20.

und der kommunalen Akteure zu setzen. Eine finanzielle Beteiligung kann nämlich den Grad der Akzeptanz der Wohnbevölkerung heben oder zumindest Ablehnungsreaktionen abmildern.[14]

Diese Einschätzung teilt auch das BVerfG und stützt sich dabei auf repräsentative Meinungsumfragen aus dem Jahr 2015.[15] Überdies weisen sowohl § 22b EEG 2023, der aus diesem Grund Bürgergesellschaften fördert, wie auch Erwägungsgrund 70 der europäischen EE-RL[16] in dieselbe Richtung.[17]

3. Der Ausgleichsanspruch nach § 6 EEG 2023

a) Entstehungsgeschichte

An den Gedanken der Akzeptanzförderung durch finanzielle Beteiligung der betroffenen Standortgemeinden knüpft auch § 6 EEG 2023 an.[18] Die Vorschrift war zuvor unter der Überschrift „Finanzielle Beteiligung von Kommunen" in § 36k EEG 2021 a. F.[19] systematisch angesiedelt worden.[20] Kurze Zeit später fand die Regelung unter der Überschrift „Finanzielle Beteiligung der Kommunen am Ausbau" einen

---

[14] *FA-Windenergie an Land*, Kompaktwissen – Bürgerwindenergie, 2023, https://fachagentur-windenergie.de/fileadmin/files/Veroeffentlichungen/Beteiligung/FA_Wind_Kompaktwissen_Buergerwind_02-2023.pdf.

[15] BVerfG, Beschluss vom 23.03.2022 – 1 BvR 1187/17 – BVerfGE 161, 63 Rn. 113.

[16] Richtlinie (EU) 2018/2001 des europäischen Parlaments und des Rates vom 11.12.2018 zur Förderung der Nutzung von Energie aus erneuerbaren Quellen, ABl. L 328/82. Erwägungsgrund 70 hat folgenden Wortlaut: „Dass sich Bürgerinnen und Bürger vor Ort und lokale Behörden im Rahmen von Erneuerbare-Energie-Gemeinschaften an Projekten im Bereich erneuerbare Energie beteiligen, hat einen erheblichen Mehrwert gebracht, was die Akzeptanz erneuerbarer Energie und den Zugang zu zusätzlichem Privatkapital vor Ort anbelangt; das führt dazu, dass vor Ort investiert wird, Verbraucher mehr Auswahl haben und Bürgerinnen und Bürger stärker an der Energiewende teilhaben. Dieses Engagement vor Ort wird vor dem Hintergrund wachsender Kapazitäten im Bereich erneuerbare Energie in Zukunft umso wichtiger. Mit Maßnahmen, die es Erneuerbare-Energien-Gemeinschaften ermöglichen, zu gleichen Bedingungen mit anderen Produzenten zu konkurrieren, wird auch bezweckt, dass sich Bürgerinnen und Bürger vor Ort vermehrt an Projekten im Bereich erneuerbare Energie beteiligen und somit erneuerbare Energie zunehmend akzeptiert wird."

[17] Vgl. auch BVerfG, Beschluss vom 23.03.2022 – 1 BvR 1187/17 – BVerfGE 161, 63 Rn. 114 f.

[18] Die Norm bezweckt zudem, dass die Flächenpotenziale einer Gemeinde besser genutzt werden, um auf dem Gemeindegebiet mehr Anlagen platzieren und damit die Einnahmen über § 6 EEG 2023 steigern zu können; vgl. dazu *Baur/Lehnert/Vollprecht*, KommJur 2021, 361 (363).

[19] In der ab dem 01.01.2021 geltenden Fassung; vgl. BGBl. I 2020, S. 3138.

[20] Vgl. das Gesetz zur Änderung des Erneuerbare-Energien-Gesetzes und weiterer energierechtlicher Vorschriften vom 21.12.2020, BGBl. I 2020, S. 3138. Siehe zur geschichtlichen Entwicklung *Baur/Lehnert/Vollprecht*, KommJur 2021, 361 (362 f.).

neuen Standort in § 6 EEG 2021,[21] bevor sie durch das Gesetz zu Sofortmaßnahmen für einen beschleunigten Ausbau der erneuerbaren Energien und weiteren Maßnahmen im Stromsektor vom 20.07.2022 eine inhaltliche Veränderung erfuhr.[22]

b) Regelungsinhalt und normatives Umfeld

aa) Mögliche Zahlungen an betroffene Standortgemeinden

Inhaltlich verschafft § 6 Abs. 1 EEG 2023 bestimmten Anlagenbetreibern von erneuerbaren Energien die *Möglichkeit* (nicht die rechtliche Verpflichtung!), betroffenen Standortgemeinden einseitige finanzielle Zuwendungen ohne Gegenleistung zukommen zu lassen.[23] Höhe und konkrete Voraussetzungen für Windenergieanlagenbetreiber normiert dabei § 6 Abs. 2 EEG 2023, während für Freiflächenanlagen (Photovoltaik) § 6 Abs. 3 EEG 2023 gilt. Kernaussage zu den Windkraftanlagen ist, dass bei hinreichend leistungsstarken Windenergieanlagen an Land gem. § 6 Abs. 2 S. 1 EEG 2023 der betroffenen Gemeinde Beträge von insgesamt 0,2 Cent pro Kilowattstunde für die tatsächlich eingespeiste Strommenge und für die fiktive Strommenge nach Nummer 7.2 der Anlage 2 zum EEG angeboten werden dürfen. Tangiert die Windenergieanlage mehrere Gemeinden, kommt es nach Maßgabe des § 6 Abs. 2 S. 4–7 EEG 2023 zu einer anteiligen Begünstigung. Für die Freiflächenanlagen ist der mögliche finanzielle Vorteil den Regelungen zu den Windenergieanlagen gem. § 6 Abs. 3 S. 1 EEG 2023 gleichgestellt; dies gilt auch für Aufteilungen zwischen mehreren Gemeinden.[24] Die Einnahmen, die über § 6 EEG 2023 bei den Kommunen generiert werden, verbleiben diesen vollständig. Sie unterliegen nicht dem Länderfinanzausgleich nach Art. 107 GG.[25]

bb) Ausgleichsanspruch

Wichtig ist im vorliegenden Zusammenhang, dass § 6 Abs. 5 EEG 2023 einen Ausgleichsanspruch zugunsten bestimmter Anlagenbetreiber vorsieht. Dieser Ausgleichsanspruch kommt nicht allen Anlagenbetreibern zugute.[26] Nur diejenigen, die eine finanzielle Förderung nach dem EEG oder einer auf Grund des EEG erlassenen Rechtsverordnung in Anspruch genommen haben, können die Vorzüge des § 6 Abs. 5 EEG 2023 nutzen. Durchaus zulässige Geldleistungen nach § 6 Abs. 3 S. 1

---

[21] Gesetz zur Umsetzung unionsrechtlicher Vorgaben und zur Regelung reiner Wasserstoffnetze im Energiewirtschaftsrecht vom 16.07.2021, BGBl. I 2021, S. 3026.

[22] BGBl. I 2022, S. 1237.

[23] *Salje*, EEG 2021, 10. Auflage 2023, § 6 Rn. 4.

[24] Die Angebotsbeträge der finanziellen Beteiligung orientieren sich bei Freiflächenanlagen – anders als bei der Windenergie – allerdings nicht an fiktiven Strommengen.

[25] *Baur/Lehnert/Vollprecht*, KommJur 2021, 361 (364).

[26] *Salje*, EEG 2021, 10. Auflage 2023, § 6 Rn. 21.

EEG 2023 werden damit nicht in jedem Fall ausgeglichen.[27] Rechtstechnisch wird eine gemeindebezogene Zuwendung dadurch aufwendungsneutral, dass die finanzielle Belastung des Anlagenbetreibers an den Netzbetreiber weitergereicht wird, der seinerseits gem. § 13 Abs. 1 S. 1 Nr. 1 EnFG von den Übertragungsnetzbetreibern eine Erstattung erhält.[28] Die Übertragungsnetzbetreiber erlangen Kostenneutralität, indem sie bei ihrem Ausgleichsanspruch nach § 6 EnFG die Zahlungen an die Netzbetreiber als Ausgabe gem. Nr. 5.6 der Anlage 1 zum EnFG verbuchen können.

Diese (auf den ersten Blick) etwas umständliche Ausgestaltung der Zahlungsflüsse dient letztlich der Vereinfachung der finanziellen Abwicklung auf Seiten des finanzierenden Bundes. Der Bund hat mit den bundesweit vier Übertragungsnetzbetreibern nur wenige Ansprechpartner, mit denen er den finanziellen Ausgleich schafft, und muss nicht mit jedem Anlagenbetreiber in individuellen Kontakt und finanziellen Austausch treten.

II. Zukunftsfragen

Angesichts des weiterhin stockenden Ausbaus an erneuerbaren Energien darf man die Frage aufwerfen, inwiefern die Regelung des § 6 EEG 2023 modifiziert werden könnte, um zusätzlich Impulse für die Energiewende zu setzen. So soll untersucht werden, ob eine verpflichtend ausgestaltete finanzielle Beteiligung von Kommunen an der Wertschöpfung der erneuerbaren Energien – in einer im Übrigen fortbestehenden Regelungslandschaft mit § 6 EEG 2023 im Zentrum – finanzverfassungsrechtlich zulässig ist. Außerdem drängt sich in Anbetracht einer positiven Entscheidung des BVerfG zum Bürger- und Gemeindebeteiligungsgesetz Mecklenburg-Vorpommern (BüGembeteilG MV) eine Untersuchung auf, ob die landesrechtlichen Regeln auf die Bundesebene übertragbar sind bzw. neue Handlungsoptionen des Bundes eröffnen. Beide Fragen lassen sich zudem variieren, wenn man die Ausgleichszahlung des § 6 Abs. 5 EEG 2023 modifiziert.

Schließlich kann man noch einen anderen Blickwinkel einnehmen und auf die Landesebene wechseln. Hier soll untersucht werden, ob eine Länderregelung zur verpflichtenden finanziellen Beteiligung von Kommunen finanzverfassungsrechtlich zulässig wäre. Dabei soll auf eine alleinstehende Pflicht zur finanziellen Beteiligung der Kommune und nicht auf eine dem BüGembeteilG MV entsprechende Regelung mit Wahlrecht zwischen verschiedenen Handlungsoptionen abgestellt werden.

---

[27] *Schulz*, in: Säcker/Steffens, Berliner Kommentar zum Energierecht, 2022, EEG, § 6 Rn. 69.
[28] *Salje*, EEG 2023, 10. Auflage 2023, § 6 Rn. 20.

B. Finanzverfassungsrechtliche Grundlagen

Bearbeitung und Beantwortung der aufgeworfenen Fragen können nur auf der Grundlage der finanzverfassungsrechtlichen Regeln der Art. 104a ff. GG erfolgen; außerdem sind die Vorgaben der Art. 83 ff. GG – hier im Speziellen Art. 84 Abs. 1 S. 7 GG – bei Fragestellungen mit Bezug zur Verwaltungskompetenz von Bedeutung. Diese Normkomplexe sollen nachfolgend skizziert werden, wobei eine Zuspitzung auf Aspekte erfolgt, die im vorliegenden Kontext von Relevanz sind.

I. Steuern und nicht-steuerliche Abgaben

Das Grundgesetz befasst sich in den Art. 104a ff. GG mit vielfältigen Fragestellungen zu Steuern und nicht-steuerlichen Abgaben. Regeln zur unmittelbaren Abgrenzung liefert das GG jedoch nicht. Insofern ist man auf die Auslegung des Verfassungsrechts und damit zugleich auf die gerichtliche Rechtsfortbildung angewiesen. In dieses Bild passt es, dass die Besteuerungsmöglichkeit im Verhältnis zum Bürger vom GG stillschweigend vorausgesetzt wird und nicht ausdrücklich normiert ist.[29]

Ungeachtet möglicher Unwägbarkeiten im Einzelfall kann man gesichert davon ausgehen, dass die öffentlichen Aufgaben grundsätzlich aus Steuern finanziert werden. Es herrscht in Deutschland das Prinzip des Steuerstaats.[30]

Dies schließt es allerdings nicht aus, dass auf anderer Grundlage weitere Abgaben erhoben werden. Das GG enthält nämlich „keinen abschließenden Kanon zulässiger Abgabetypen."[31] Dennoch ist das Ausgestaltungsrecht des Staates nicht unbegrenzt. Andere staatliche Einnahmemöglichkeiten dürfen das Prinzip des Steuerstaates nicht aushöhlen oder unterlaufen; dies gilt sowohl für den Bund wie auch für die Länder.[32]

---

[29] BVerfG, Urteil vom 10.12.1980 – 2 BvF 3/77 – BVerfGE 55, 274 (301).

[30] BVerfG, Beschluss vom 31.05.1990 – 2 BvL 12, 13/88, 2 BvR 1436/87 – BVerfGE 82, 159 (178); Beschluss vom 07.11.1995 – 2 BvR 413/88, 1300/93 – BVerfGE 93, 319 (342); Beschluss vom 09.11.1999 – 2 BvL 5/95 – BVerfGE 101, 141 (147); BVerwG, Urteil vom 16.11.2017 – 9 C 16/16 – BVerwGE 160, 354 Rn. 14; kritisch *Siekmann*, in: Sachs, GG, 9. Auflage 2021, Vorb. Art. 104a Rn. 69 ff.

[31] BVerfG, Beschluss vom 12.05.2009 – 2 BvR 743/01 – BVerfGE 123, 132 (141); Beschluss vom 25.06.2014 – 1 BvR 668, 2104/10 – BVerfGE 137, 1 Rn. 42; Urteil vom 18.07.2018 – 1 BvR 1675/16, 745, 836, 981/17 – BVerfGE 149, 222 Rn. 54.

[32] BVerfG, Beschluss vom 24.01.1995 – 1 BvL 18/93, 5, 6, 7/94, 1 BvR 403, 569/94 – BVerfGE 92, 91 (115 f.).

Auch ist gesichert, dass ein Wahlrecht des Gesetzgebers zwischen Steuern und nicht-steuerlichen Abgaben nicht existiert.[33] Daher ist die begriffliche Einordnung einer Abgabe ebenso wenig relevant wie die haushaltsrechtliche Kategorisierung. Maßgeblich für die finanzverfassungsrechtliche Einordnung einer Abgabe ist allein der „tatbestandlich bestimmte materielle Gehalt".[34]

1. Merkmale von Steuern

a) Steuerbegriff

Der Steuerbegriff des GG ist nicht näher in der deutschen Verfassung normiert, sondern vielmehr historisch geprägt: Er knüpft an den in der AO gebrauchten, traditionellen Steuerbegriff an,[35] reicht aber über diesen hinaus[36] und ist nicht zwingend an ihn gebunden.[37] Dennoch ist der Einfluss der historischen Wurzeln stark und erfasst sogar die Unterscheidungsmerkmale der einzelnen Steuern und Steuerarten.[38] Unter Beachtung dieser Vorgaben kann man Steuern als Abgaben definieren, die als Gemeinlast[39] ohne individuelle Gegenleistung (also „voraussetzungslos") zur Deckung des allgemeinen Finanzbedarfs eines öffentlichen Gemeinwesens erhoben werden.[40] Kurz gesagt: Steuern finanzieren allgemeine Staatsaufgaben;[41] deshalb fließen sie auch in den allgemeinen Haushalt.[42] Diesem Merkmal ist zugleich geschuldet, dass eine Abgabe, die als Steuer eingeordnet wird, auf Einnahmenerzielung ausgerichtet sein muss;[43] dies muss zumindest ihr Nebenzweck sein.[44] Zudem dient

---

[33] BVerfG, Beschluss vom 07.11.1995 – 2 BvR 413/88, 1300/93 – BVerfGE 93, 319 (346).

[34] BVerfG, Beschluss vom 18.05.2004 – 2 BvR 2374/99 – BVerfGE 110, 370 (384); Beschluss vom 13.04.2017 – 2 BvL 6/13 – BVerfGE 145, 171 Rn. 103; Beschluss vom 23.03.2022 – 1 BvR 1187/17 – BVerfGE 161, 63 Rn. 74.

[35] BVerfG, Beschluss vom 07.11.1995 – 2 BvR 413/88, 1300/93 – BVerfGE 93, 319 (346); Urteil vom 18.07.2018 – 1 BvR 1675/16, 745, 836, 981/17 – BVerfGE 149, 222 Rn. 53; vgl. auch *Wieland*, in: Herdegen/Masing/Poscher/Gärditz, Handbuch des Verfassungsrechts, 2021, § 24 Rn. 10: sog. Rezeptionsthese.

[36] BVerfG, Urteil vom 10.12.1980 – 2 BvF 3/77 – BVerfGE 55, 274 (299); Urteil vom 06.11.1984 – 2 BvL 19, 20/83, 2 BvR 363, 491/83 – BVerfGE 67, 256 (282).

[37] Vgl. *Heun*, in: Dreier, GG, 3. Auflage 2018, Art. 105 Rn. 12; *Waldhoff*, in: Isensee/Kirchhof, Handbuch des Staatsrechts, Band V, 3. Auflage 2007, § 116 Rn. 85.

[38] BVerfG, Urteil vom 27.07.1971 – 2 BvF 1/68, 2 BvR 702/68 – BVerfGE 31, 314 (331).

[39] BVerfG, Urteil vom 20.04.2004 – 1 BvR 1748/99, 905/00 – BVerfGE 110, 274 (294); Beschluss vom 12.05.2009 – 2 BvR 743/01 – BVerfGE 123, 132 (140).

[40] BVerfG, Beschluss vom 13.04.2017 – 2 BvL 6/13 – BVerfGE 145, 171 Rn. 100; Urteil vom 18.07.2018 – 1 BvR 1675/16, 745, 836, 981/17 – BVerfGE 149, 222 Rn. 53; Beschluss vom 23.03.2022 – 1 BvR 1187/17 – BVerfGE 161, 63 Rn. 73.

[41] BVerfG, Urteil vom 07.05.1998 – 2 BvR 1991, 2004/95 – BVerfGE 98, 106 (118).

[42] BVerfG, Beschluss vom 11.10.1994 – 2 BvR 633/86 – BVerfGE 91, 186 (201).

[43] *Kment*, in: Jarass/Pieroth, GG, 2022, Art. 105 Rn. 3.

[44] *Seiler*, in: Dürig/Herzog/Scholz, GG, 100. EL Januar 2023, Art. 105 Rn. 40.

die Steuererhebung stets dem öffentlich-rechtlichen Gemeinwesen, wird also im Regelfall allein von Bund, Ländern und sonstigen Gebietskörperschaften erhoben.[45] Ist die Einordnung einer Abgabe als Steuer zweifelhaft, soll bei der Einordnung nach Maßgabe der Rechtsprechung entscheidend auf das wertende „Gesamtbild" abgestellt werden.[46]

b) Zwecksteuern

Obschon Steuern zur Deckung des allgemeinen Finanzbedarfs erhoben werden, ist eine Zweckbindung des Aufkommens (*wozu* das Aufkommen später eingesetzt wird) grundsätzlich zulässig; man spricht insofern auch von sog. „Zwecksteuern".[47] Da die Zwecksteuer auf einen Zweck gerichtet ist,[48] darf sie grundsätzlich nicht zweckuntauglich sein.[49] Auch darf der Kreis der Abgabepflichtigen nicht auf Personen begrenzt sein, die einen wirtschaftlichen Vorteil aus dem öffentlichen Vorhaben ziehen, dem die Steuer dient.[50]

c) Lenkungssteuern

Intentionale Anteile hat nicht nur die Zwecksteuer; eine konkrete Steuerungsabsicht kann auch auf der Ebene der Erhebung eingeführt werden. Steuern wirken nämlich regelmäßig sozialgestaltend; man spricht auch von „Lenkungssteuern".[51] Diese Wirkungen darf sich der Gesetzgeber durchaus zu Nutze machen.[52] Der Bürger erhält auf diese Weise „durch Sonderbelastung eines unerwünschten Verhaltens oder durch steuerliche Verschonung eines erwünschten Verhaltens" ein finanzwirtschaftliches Motiv, sich für eine bestimmte Handlung oder ein bestimmtes Unterlassen zu entscheiden.[53] Die Gründe für die Zweckbe-

---

[45] BVerfG, Beschluss vom 27.10.1959 – 2 BvL 5/56 – BVerfGE 10, 141 (176); *Jachmann-Michel/Vogel*, in: von Mangoldt/Klein/Starck, GG, 7. Auflage 2018, Art. 105 Rn. 5.

[46] BVerfG, Beschluss vom 13.04.2017 – 2 BvL 6/13 – BVerfGE 145, 171 Rn. 65.

[47] BVerfG, Beschluss vom 07.11.1995 – 2 BvR 413/88, 1300/93 – BVerfGE 93, 319 (348); Urteil vom 20.04.2004 – 1 BvR 1748/99, 905/00 – BVerfGE 110, 274 (294); Urteil vom 18.07.2018 – 1 BvR 1675/16, 745, 836, 981/17 – BVerfGE 149, 222 Rn. 53.

[48] Zwecke können etwa sein: die Verringerung von Grundwasserentnahmen oder die Gewährleistung eines hinreichenden Angebots an Wohnraum für die ansässige Bevölkerung.

[49] BVerwG, Urteil vom 25.08.1982 – 8 C 44/81 – BVerwGE 66, 140 (144).

[50] BVerfG, Beschluss vom 12.10.1978 – 2 BvR 154/74 – BVerfGE 49, 343 (353 f.); Beschluss vom 06.12.1983 – 2 BvR 1275/79 – BVerfGE 65, 325 (344).

[51] *Seiler*, in: Dürig/Herzog/Scholz, GG, 100. EL Januar 2023, Art. 105 Rn. 58.

[52] BVerfG, Urteil vom 07.05.1998 – 2 BvR 1991, 2004/95 – BVerfGE 98, 106 (117); Urteil vom 20.04.2004 – 1 BvR 1748/99, 905/00 – BVerfGE 110, 274 (292 f.); Beschluss vom 15.01.2014 – 1 BvR 1656/09 – BVerfGE 135, 126 Rn. 47.

[53] BVerfG, Urteil vom 05.11.2014 – 1 BvF 3/11 – BVerfGE 137, 350 Rn. 43; Beschluss vom 08.12.2021 – 2 BvL 1/13 – BVerfGE 160, 41 Rn. 61.

stimmung können unterschiedlicher Natur sein.[54] Es kommt die Verfolgung wirtschaftspolitischer, sozialpolitischer und umweltpolitischer Belange in Betracht.[55] Rein fiskalische Interessen sind allerdings unzureichend;[56] diese Intention haftet einer Steuer ohnehin an.[57]

Die Einführung einer Lenkungssteuer setzt nicht voraus, dass zusätzlich zur Steuererhebungskompetenz auf Seiten des Erhebenden auch die einschlägige Sachkompetenz für das jeweilige Sachgebiet des Lenkungszwecks (z.B. Umweltschutz) vorliegen muss.[58] Die Steuergesetzgebung ist insofern grundsätzlich ausreichend. Dieses Privileg der Steuergesetzgebung reicht allerdings nur so weit, wie die Lenkungswirkung ein *Neben*zweck der Steuererhebung bleibt. Beim Auseinanderfallen von Steuer- und Sachgesetzgebungskompetenz darf die Lenkungsteuer deshalb nicht eingesetzt werden, um dadurch das bestehende sachgesetzliche Regelungskonzept zu unterlaufen.[59]

2. Nicht-steuerliche Abgaben

a) Allgemeine Merkmale

Sofern Abgaben nicht als Steuern eingeordnet werden, können diese nichtsteuerlichen Abgaben auf die allgemeine Gesetzgebungskompetenz für die Sachgesetzgebung (Art. 70 ff. GG) gestützt werden.[60] Abgaben sind aber nicht allgemein zulässig und müssen das Prinzip des Steuerstaats respektieren.[61] Unter Rückgriff auf die Art. 70 ff. GG können also die finanzverfassungsrechtlichen Regeln der Art. 105 ff. GG nicht ausgehöhlt oder unterlaufen werden.

„Wählt der Gesetzgeber als Finanzierungsmittel für eine öffentliche Aufgabe [eine nichtsteuerliche Abgabe], weicht er von drei grundlegenden Prinzipien der Finanzverfassung ab. [...] Er gefährdet durch den haushaltsflüchtigen Ertrag der Sonderabgabe das Budgetrecht des Parlaments und berührt damit auch die an den Staatshaushalt anknüpfenden

---

[54] Lenkungszweck kann etwa die Vermeidung von Einwegkunststoffabfällen sein.

[55] BVerfG, Urteil vom 20.04.2004 – 1 BvR 1748/99, 905/00 – BVerfGE 110, 274 (293); Urteil vom 05.11.2014 – 1 BvF 3/11 – BVerfGE 137, 350 Rn. 45 ff.

[56] BVerfG, Beschluss vom 08.12.2021 – 2 BvL 1/13 – BVerfGE 160, 41 Rn. 59.

[57] Siehe hierzu bereits die obigen Ausführungen unter B. I. 1. a).

[58] BVerfG, Urteil vom 07.05.1998 – 2 BvR 1991, 2004/95 – BVerfGE 98, 106 (118); BVerwG, Urteil vom 22.12.1999 – 11 C 9/99 – BVerwGE 110, 248 (249); *Heun*, in: Dreier, GG, 3. Auflage 2018, Art. 105 Rn. 16.

[59] BVerfG, Urteil vom 07.05.1998 – 2 BvR 1876/91, 1083, 2188, 2200/92, 2624/94 – BVerfGE 98, 83 (98); Urteil vom 07.05.1998 – 2 BvR 1991, 2004/95 – BVerfGE 98, 106 (118 ff.); Beschluss vom 08.12.2021 – 2 BvL 1/13 – BVerfGE 160, 41 Rn. 64; *Jachmann-Michel/Vogel*, in: von Mangoldt/Klein/Starck, GG, 7. Auflage 2018, Art. 105 Rn. 27.

[60] BVerfG, Beschluss vom 24.11.2009 – 2 BvR 1387/04 – BVerfGE 124, 348 (364); Urteil vom 28.01.2014 – 2 BvR 1561, 1562, 1563, 1564/12 – BVerfGE 135, 155 Rn. 101; Beschluss vom 25.06.2014 – 1 BvR 668, 2104/10 – BVerfGE 137, 1 Rn. 45.

[61] Siehe die obigen Ausführungen unter B. I. 1. a).

Regelungen für den Finanzausgleich, die Stabilitätspolitik, die Verschuldensgrenze, Rechnungslegung und Rechnungsprüfung. Schließlich verschiebt er die Belastung der Abgabepflichtigen von der Gemeinlast zu einer die Belastungsgleichheit der Bürger in Frage stellenden besonderen Finanzierungsverantwortlichkeit für eine Sachaufgabe. Zwar führt die Abweichung von den genannten Prinzipien nicht ausnahmslos zur Verfassungswidrigkeit einer Abgabe. Doch muss, um die bundesstaatliche Finanzverfassung wie auch die Budgethoheit des Parlaments vor Störungen zu schützen und den Erfordernissen des Individualschutzes der Steuerpflichtigen im Blick auf die Belastungsgleichheit Rechnung zu tragen, die Sonderabgabe engen Grenzen unterliegen; sie muss deshalb eine seltene Ausnahme bleiben."[62]

Aufgrund des Ausnahmecharakters von nicht-steuerlichen Abgaben hat das BVerfG der Auferlegung nicht-steuerlicher Abgaben Grenzen gesetzt:[63] Zunächst müssen nicht-steuerliche Abgaben besonders sachlich gerechtfertigt werden. Ferner müssen sie sich ihrer Art nach von der Steuer deutlich unterscheiden, dürfen zur Steuer also nicht in Konkurrenz treten. Außerdem müssen die nicht-steuerlichen Abgaben der Belastungsgleichheit der Abgabepflichtigen Rechnung tragen. Fließen die Einnahmen aus der nicht-steuerlichen Abgabe in einen speziellen Fonds, muss auch dessen Einrichtung – mit Blick auf Art. 110 GG – verfassungsrechtlich gerechtfertigt sein.[64]

b) Ausgewählte Typen nicht-steuerlicher Abgaben

Nachfolgend sollen diejenigen nicht-steuerlichen Abgaben vorstellt werden, die im vorliegenden Kontext von Bedeutung sein könnten. Ferner ist zu beachten, dass es keine grundgesetzliche Typisierung der nicht-steuerlichen Abgaben gibt; es bleibt der Rechtsprechung vorbehalten, die Konturen zu schärfen.

aa) Sonderabgaben

Die Sonderabgabe wird in der finanzverfassungsrechtlichen Rechtsprechung als hoheitlich auferlegte Geldleistungspflicht definiert, der keine unmittelbare Gegenleistung gegenübersteht.[65] Sie unterscheidet sich von der Steuer dadurch, dass sie

---

[62] BVerfG, Beschluss vom 11.10.1994 – 2 BvR 633/86 – BVerfGE 91, 186 (202 f.).

[63] BVerfG, Beschluss vom 18.05.2004 – 2 BvR 2374/99 – BVerfGE 110, 370 (387 f.); Urteil vom 28.01.2014 – 2 BvR 1561, 1562, 1563, 1564/12 – BVerfGE 135, 155 Rn. 121 ff.; Beschluss vom 17.01.2017 – 2 BvL 2, 3, 4, 5/14 – BVerfGE 144, 369 Rn. 62 ff.

[64] BVerfG, Beschluss vom 31.05.1990 – 2 BvL 12, 13/88, 2 BvR 1436/87 – BVerfGE 82, 159 (178 f.); Beschluss vom 07.11.1995 – 2 BvR 413/88, 1300/93 – BVerfGE 93, 319 (343).

[65] BVerfG, Beschluss vom 08.04.1987 – 2 BvR 909, 934, 935, 936, 938, 941, 942, 947/82, 64/83, 142/84 – BVerfGE 75, 108 (147); Beschluss vom 08.06.1988 – 2 BvL 9/85, 3/86 – BVerfGE 78, 249 (267); Urteil vom 23.01.1990 – 1 BvL 44/86, 48/87 – BVerfGE 81, 156 (186 f.).

„die Abgabenschuldner über die allgemeine Steuerpflicht hinaus mit Abgaben belastet, ihre Kompetenzgrundlage in einer Sachgesetzgebungszuständigkeit sucht und das Abgabeaufkommen einem Sonderfonds vorbehalten ist."[66]

Die Gesetzgebungskompetenz für Sonderabgaben richtet sich – wie bei allen nicht-steuerlichen Abgaben –[67] nach der Sachkompetenz aus Art. 70 ff. GG. Die aus der Sonderabgabe generierten Finanzmittel müssen der öffentlichen Hand zufließen; ein Mittelfluss an Rechtssubjekte des Privatrechts ist unzulässig.[68] Ertragskompetent im Sinne des Art. 106 GG ist die Körperschaft, die die Abgabenregelung erlässt.

Die Sonderabgabe ist wegen ihrer Konkurrenz zum steuerlichen Regelfall nur als seltene Ausnahme zulässig.[69] Wegen dieser Konkurrenz und weil ihr Aufkommen nicht in den allgemeinen Haushalt fließt,[70] sind Sonderabgaben doppelt rechtfertigungsbedürftig.[71] Außerdem dürfen Sonderabgaben lediglich zeitlich begrenzt erhoben werden.[72]

Dass eine Sonderabgabe nur in engen Grenzen zulässig ist,[73] tangiert zum einen den Inhalt der Sonderabgabe, also zu welchem Sachzweck sie erhoben werden kann.[74] Zum anderen muss eine sachliche Verknüpfung zwischen der von der Sonderabgabe bewirkten Belastung und der mit ihr finanzierten Begünstigung existieren, die durch die Verwendung zugunsten der belasteten Gruppe hergestellt wird (sog. „gruppennützige Verwendung"[75]).[76] Ist der Nutzen für die belastete Gruppe nicht

---

[66] BVerfG, Beschluss vom 09.11.1999 – 2 BvL 5/95 – BVerfGE 101, 141 (148).

[67] Siehe hierzu die obigen Ausführungen unter B. I. 2. a).

[68] BGH, Urteil vom 25.06.2014 – VIII ZR 169/13 – BGHZ 201, 355 Rn. 16.

[69] BVerfG, Beschluss vom 31.05.1990 – 2 BvL 12, 13/88, 2 BvR 1436/87 – BVerfGE 82, 159 (181); *Kirchhof*, in: Isensee/Kirchhof, Handbuch des Staatsrechts, Band V, 3. Auflage 2007, § 119 Rn. 71.

[70] *Heun*, in: Dreier, GG, 3. Auflage 2018, Art. 105 Rn. 24; *Kment*, in: Jarass/Pieroth, GG, 2022, Art. 105 Rn. 11.

[71] BVerfG, Urteil vom 23.01.1990 – 1 BvL 44/86, 48/87 – BVerfGE 81, 156 (186f.); Beschluss vom 07.11.1995 – 2 BvR 413/88, 1300/93 – BVerfGE 93, 319 (344).

[72] Vgl. dazu BVerfG, Beschluss vom 24.11.2009 – 2 BvR 1387/04 – BVerfGE 124, 348 (365 ff.); *Kloepfer/Durner*, Umweltschutzrecht, 3. Auflage 2020, § 4 Rn. 89; *Kment*, in: Jarass/Pieroth, GG, 2022, Art. 105 Rn. 13.

[73] BVerfG, Beschluss vom 18.05.2004 – 2 BvR 2374/99 – BVerfGE 110, 370 (389); Urteil vom 03.02.2009 – 2 BvL 54/06 – BVerfGE 122, 316 (334); Beschluss vom 12.05.2009 – 2 BvR 743/01 – BVerfGE 123, 132 (141); Beschluss vom 06.05.2014 – 2 BvR 1139, 1140, 1141/12 – BVerfGE 136, 194 Rn. 116; vgl. auch *Ossenbühl*, DVBl. 2005, 667 (670 ff.).

[74] *Heintzen*, in: von Münch/Kunig, GG, 7. Auflage 2021, Art. 105 Rn. 28; *Jachmann-Michel/Vogel*, in: von Mangoldt/Klein/Starck, GG, 7. Auflage 2018, Art. 105 Rn. 19.

[75] Eine Sonderabgabe für die Entnahme von Wasser könnte etwa dazu genutzt werden, Maßnahmen zur Verbesserung der Wasserqualität zu finanzieren.

[76] BVerfG, Beschluss vom 12.05.2009 – 2 BvR 743/01 – BVerfGE 123, 132 (142); Beschluss vom 24.11.2009 – 2 BvR 1387/04 – BVerfGE 124, 348 (366); Urteil vom 28.01.2014 – 2 BvR 1561, 1562, 1563, 1564/12 – BVerfGE 135, 155 Rn. 121 ff.; Beschluss vom 06.05.2014 – 2 BvR 1139, 1140, 1141/12 – BVerfGE 136, 194 Rn. 116; *Jochum*, StuW 2006,

evident, mangelt es am gruppennützigen Charakter der Verwendung.[77] Der Einsatz der eingenommenen Gelder kann zwar auch anderen Zwecken dienen, der überwiegende Teil muss aber den gruppennützigen Charakter aufweisen.[78]

bb) Abschöpfungsabgaben

Eine andere Qualität als die Sonderabgaben besitzen Abschöpfungsabgaben. Es handelt sich hierbei um hoheitlich auferlegte Geldleistungspflichten, die dazu dienen, einen individuellen Sondervorteil des Abgabepflichtigen auszugleichen.[79] Sondervorteile sind solche Begünstigungen, die dem Einzelnen den Zugriff auf Güter der Allgemeinheit verschaffen, der für andere nicht in gleicher Weise besteht.[80] Dafür kommt insbesondere eine privilegierte Teilhabe an einem Gut der Allgemeinheit in Betracht,[81] wobei es nicht Voraussetzung ist, dass der Begünstigte die privilegierte Rechtsposition wirtschaftlich verwertet.[82]

Die bloße Verleihung eines Rechts reicht allein nicht aus, um eine Abschöpfungsabgabe zu stützen.[83] Ebenfalls keine Abschöpfungsabgabe, sondern eine Steuer bzw. Sonderabgabe liegt vor, wenn die Abgabe über die Abschöpfung des Vorteils hinausreicht.[84] Allerdings steht es der Annahme einer Abschöpfungsabgabe nicht entgegen, wenn mit der Abgabe neben der Abschöpfung eines Sondervorteils zusätzlich Lenkungsfunktionen verfolgt werden.[85] Dies kann allenfalls Auswirkungen auf die zulässige Abgabenhöhe haben, die dann nicht mehr auf das Verhältnis der adäquaten Gegenleistung begrenzt ist.[86]

---

134 (139); *Kirchhof*, in: Isensee/Kirchhof, Handbuch des Staatsrechts, Band V, 3. Auflage 2007, § 119 Rn. 84 f.

[77] BVerfG, Urteil vom 03.02.2009 – 2 BvL 54/06 – BVerfGE 122, 316 (335 ff.); Urteil vom 28.01.2014 – 2 BvR 1561, 1562, 1563, 1564/12 – BVerfGE 135, 155 Rn. 127.

[78] Vgl. BVerfG, Urteil vom 26.05.1981 – 1 BvL 56, 57, 58/78 – BVerfGE 57, 139 (165).

[79] *Kment*, in: Jarass/Pieroth, GG, 2022, Art. 105 Rn. 24; *Seiler*, in: Dürig/Herzog/Scholz, GG, 100. EL Januar 2023, Art. 105 Rn. 92; kritische Anmerkungen bei *Wernsmann/Bering*, NVwZ 2020, 497 (501 f.).

[80] Vgl. BVerfG, Beschluss vom 07.11.1995 – 2 BvR 413/88, 1300/93 – BVerfGE 93, 319 (345 f.); *Kment*, in: Jarass/Pieroth, GG, 2022, Art. 105 Rn. 24; *Wernsmann/Bering*, NVwZ 2020, 497 (502).

[81] BVerfG, Beschluss vom 07.11.1995 – 2 BvR 413/88, 1300/93 – BVerfGE 93, 319 (344); BVerwG, Urteil vom 10.10.2012 – 7 C 10/10 – BVerwGE 144, 248 Rn. 42.

[82] BVerwG, Urteil vom 28.06.2007 – 7 C 3/07 – NVwZ-RR 2007, 750 (752); Urteil vom 16.11.2017 – 9 C 16/16 – NVwZ-RR 2018, 983 (984); Urteil vom 26.01.2022 – 9 C 5/20 – ZUR 2022, 554 Rn. 15; *Köck/Gawel*, ZUR 2022, 541 (543).

[83] *Müller-Franken*, in: Friauf/Höfling, GG, 2021, Art. 105 Rn. 176.

[84] BVerfG, Beschluss vom 07.11.1995 – 2 BvR 413/88, 1300/93 – BVerfGE 93, 319 (347).

[85] BVerfG, Beschluss vom 20.01.2010 – 1 BvR 1801/07 u. a. – NVwZ 2010, 831 (832 f.); *Jachmann-Michel/Vogel*, in: von Mangoldt/Klein/Starck, GG, 7. Auflage 2018, Art. 105 Rn. 20; *Köck/Gawel*, ZUR 2022, 541 (544).

[86] BVerwG, Urteil vom 16.11.2017 – 9 C 15.16 – BVerwGE 160, 334 Rn. 44.

I. Steuern und nicht-steuerliche Abgaben

Im Gegensatz zur Sonderabgabe muss das Aufkommen aus der Abschöpfungsabgabe nicht wieder den Belasteten (gruppennützig) zugutekommen.[87]

„Die Prinzipien von Vorteilsausgleich und Kostendeckung sind […] Belastungsgrund und Bemessungsmaßstab für ein Abgabenschuldverhältnis, nicht jedoch Maßstab der Verwendung der Erträge."[88]

Überdies darf die Erwägung mitschwingen, dass im Fall der Abschöpfungsabgabe die Abgabenbelasteten bereits eine „Gegenleistung" durch den privilegierten Zugriff auf ein Gut der Allgemeinheit erhalten haben und deshalb keine zusätzliche Rückführung eines Vorteils benötigen.

Aus dem Grundsatz der Lastengleichheit, der in Art. 3 Abs. 1 GG angelegt ist, werden Rechtmäßigkeitsanforderungen an die Abschöpfungsabgabe abgeleitet: Danach ist eine Vorteilsabschöpfung nur dann rechtmäßig, wenn der durch den Staat gewährte Vorteil im Rahmen einer öffentlich-rechtlichen Bewirtschaftungsordnung begründet wird, wenn also die Nutzung in eine öffentlich-rechtliche Nutzungsregelung eingebunden ist.[89] Neuere Rechtsprechung hierzu ist jedoch etwas großzügiger: In seiner Entscheidung zu Emissionszertifikaten hat das BVerwG die Anforderungen an die Abschöpfungsabgabe unter direkter Bezugnahme auf die Wasserpfennig-Entscheidung des BVerfG,[90] die sich mit dem Erfordernis einer öffentlich-rechtlichen Nutzungsregelung befasst hatte, spürbar abgesenkt.[91] Eine Bewirtschaftungsordnung, wie sie lange in Anlehnung an das Wasserrecht als Voraussetzung definiert wurde,[92] wird darin nicht mehr verlangt. Das BVerwG führt vielmehr aus:[93]

„Ebenso wenig greift der Einwand durch, der Gedanke des Vorteilsausgleichs könne mangels einer staatlichen Bewirtschaftungsordnung nicht zum Tragen kommen. Eine *Bewirtschaftungsordnung* dergestalt, dass individuelle Rechte zur Nutzung des betreffenden Umweltmediums durch ordnungsrechtliche Entscheidungen kontingentiert eingeräumt werden, ist *nicht Voraussetzung* für die Annahme eines abschöpfbaren Sondervorteils."

Des Weiteren wird für die Abschöpfungsabgabe gefordert, dass dem Abgabenschuldner ein Sondervorteil verschafft wurde, der den übrigen Personen, die nicht die

---

[87] *Kirchhof*, in: Isensee/Kirchhof, Handbuch des Staatsrechts, Band V, 3. Auflage 2007, § 119 Rn. 57.
[88] *Kirchhof*, in: Isensee/Kirchhof, Handbuch des Staatsrechts, Band V, 3. Auflage 2007, § 119 Rn. 57.
[89] BVerfG, Beschluss vom 07.11.1995 – 2 BvR 413/88, 1300/93 – BVerfGE 93, 319 (339).
[90] BVerfG, Beschluss vom 07.11.1995 – 2 BvR 413/88, 1300/93 – BVerfGE 93, 319.
[91] BVerwG, Urteil vom 10.10.2012 – 7 C 9/10 – NVwZ 2013, 587 Rn. 23.
[92] Siehe etwa *Kahl/Wegner*, Kommunale Teilhabe an der lokalen Wertschöpfung der Windenergie, 2018, S. 34; *Hendler*, NuR 1989, 22 (26); kritisch *Mursiwek*, NVwZ 1996, 417 (420).
[93] BVerwG, Urteil vom 10.10.2012 – 7 C 9/10 – NVwZ 2013, 587 Rn. 23. Hervorhebung nicht im Original.

Abgabe zahlen, vorenthalten blieb.[94] Außerdem kommt eine Vorteilsabschöpfung nur in Betracht, wenn der Gegenstand der Bewirtschaftungsordnung (sofern man sie noch fordert) ein Allgemeingut ist, das lediglich begrenzt zur Verfügung steht.[95] Dies ist typischerweise bei natürlichen Umweltressourcen der Fall.[96] Schließlich ist noch zu verlangen, dass das betroffene Allgemeingut verknappt ist, mithin nicht jedem, der an dem Sondervorteil interessiert ist, frei zugänglich ist.[97] Anderenfalls könnte man nicht von einer Besserstellung des Abgabenschuldners sprechen, welche die Abgabe rechtfertigt.[98]

cc) Abgaben ohne Finanzierungszweck

Abgaben ohne Finanzierungszweck sind grundsätzlich zulässig, wenn sie als Bußgelder und Geldstrafen einer Sachregelung beigefügt werden; man begreift sie dann als Annex zur jeweiligen Sachkompetenz.[99] Gleiches gilt für Abgaben, denen eine „reine Verwaltungsfunktion mit Verbotscharakter" zukommt[100] und für sog. Erdrosselungssteuern. Letztere sind keine Steuern, sondern Abgaben, bei denen sich aus der Höhe des Steuersatzes ergibt, dass der Steuertatbestand nicht erfüllt werden soll. Sie dienen nicht der Erzielung von Einnahmen.[101]

dd) Fremdnützige Finanzierungsabgaben

Unter fremdnützige Finanzierungsaufgaben fasst man Abgaben, die der Finanzierung von Gruppeninteressen dienen, wobei die belastete Gruppe sich von der begünstigten Gruppe unterscheidet. Solche Abgaben sind nur zulässig, wenn die Gesetzgebungskompetenz ausnahmsweise die Abgabenerhebung auch umfasst.[102] Anerkannt ist dies für Art. 74 Abs. 1 Nr. 12 GG („Sozialversicherung").[103] Gleiches gilt für Verbandslasten als Annex zur Kompetenz der Errichtung des Verbandes.[104]

---

[94] *Wernsmann/Bering*, NVwZ 2020, 497 (503).

[95] BVerfG, Beschluss vom 05.03.2018 – 1 BvR 2864/13 – NVwZ 2018, 972 Rn. 33.

[96] BVerfG, Beschluss vom 07.11.1995 – 2 BvR 413/88, 1300/93 – BVerfGE 93, 319 (345) für Wasser.

[97] *Jarass*, Nichtsteuerliche Abgaben und lenkende Steuern unter dem Grundgesetz, 1999, S. 37 f.

[98] *Wernsmann/Bering*, NVwZ 2020, 497 (503 f.).

[99] BVerfG, Rechtsgutachten vom 16.06.1954 – 1 PBvV 2/52 – BVerfGE 3, 407 (435 f.).

[100] BVerfG, Beschluss vom 17.07.1974 – 1 BvR 51, 160, 285/69, 1 BvL 16, 18, 26/72 – BVerfGE 38, 61 (80 f.); BVerwG, Beschluss vom 19.08.1994 – 8 N 1/93 – BVerwGE 96, 272 (279).

[101] BVerfG, Urteil vom 22.05.1963 – 1 BvR 78/56 – BVerfGE 16, 147 (161).

[102] BVerfG, Beschluss vom 08.04.1987 – 2 BvR 909, 934, 935, 936, 938, 941, 942, 947/82, 64/83, 142/84 – BVerfGE 75, 108 (148).

[103] BVerfG, Urteil vom 23.01.1990 – 1 BvL 44/86, 48/87 – BVerfGE 81, 156 (185).

II. Verfassungsrechtliche Ausgabenkompetenz und Steuerertragsaufteilung

1. Ausgabenverantwortung nach Art. 104a GG

a) Grundsätze

Art. 104a Abs. 1 GG normiert das

„Verbot einer Kostenbeteiligung einer Gebietskörperschaft außerhalb ihrer Aufgabenzuständigkeit an einer Aufgabe, die von einer anderen Gebietskörperschaft in alleiniger Verwaltungszuständigkeit wahrzunehmen ist."[105]

Art. 104a GG versteht unter Ausgaben alle kassenwirksamen Geldzahlungen an Dritte.[106] Damit sind sowohl Verwaltungsausgaben als auch Zweckausgaben gemeint. Mit „Wahrnehmung" meint das Verfassungsgebot den unmittelbaren Vollzug. Es kommt im Rahmen des Art. 104a GG also nicht darauf an, wer die kostenverursachende Regelung getroffen oder veranlasst hat.[107] Maßgeblich ist folglich die Verwaltungskompetenz gem. Art. 30, 83 ff. GG.[108]

Diejenige Körperschaft, die die Verwaltungskompetenz besitzt, trägt nach dem Verständnis des deutschen Verfassungsrechts auch für sich allein („gesondert") die Ausgaben.[109] Man spricht insofern auch von der Konnexität von Aufgaben- und Ausgabenverantwortung.[110] Die Ausgabenverantwortung bezieht sich dabei sowohl auf die Finanzierungsbefugnis als auch die Finanzierungspflicht.[111]

Art. 104a Abs. 1 GG verbietet also eine Fremd- oder Mischfinanzierung derart, dass der Bund Landesaufgaben finanziert oder Länder zur Finanzierung von Bundesaufgaben heranzieht.[112] Dieses Verbot gilt aber auch im umgekehrten Fall, wenn die Initiative von den Ländern angestoßen wird.[113] Modifikationen zu diesem Verbot

---

[104] *Kirchhof*, in: Isensee/Kirchhof, Handbuch des Staatsrechts, Band V, 3. Auflage 2007, § 119 Rn. 113 ff.; *Müller-Franken*, in: Friauf/Höfling, GG, 2021, Art. 105 Rn. 113.

[105] BVerwG, Beschluss vom 13.06.2022 – 5 B 30/21 – Rn. 9.

[106] *Heun*, in: Dreier, GG, 3. Auflage 2018, Art. 104a Rn. 15.

[107] BVerfG, Beschluss vom 15.07.1969 – 2 BvF 1/64 – BVerfGE 26, 338 (390); BVerwG, Urteil vom 11.06.1991 – 7 C 1/91 – NVwZ 1992, 264 (265).

[108] *Heintzen*, in: von Münch/Kunig, GG, 7. Auflage 2021, Art. 104a Rn. 15 ff.; *Tappe*, in: Bonner Kommentar, GG, 220. EL Juli 2023, Art. 104a Rn. 194 ff.

[109] *Kment*, in: Jarass/Pieroth, GG, 2022, Art. 104a Rn. 5.

[110] BVerfG, Beschluss vom 07.07.2020 – 2 BvR 696/12 – BVerfGE 155, 310 Rn. 71.

[111] *von Arnim*, in: Isensee/Kirchhof, Handbuch des Staatsrechts, Band VI, 3. Auflage 2008, § 138 Rn. 10; *Hellermann*, in: von Mangoldt/Klein/Starck, GG, 7. Auflage 2018, Art. 104a Rn. 18 ff.; *Tappe*, in: Bonner Kommentar, GG, 220. EL Juli 2023, Art. 104a Rn. 88.

[112] BVerfG, Beschluss vom 15.07.1969 – 2 BvF 1/64 – BVerfGE 26, 338 (390 f.); BVerwG, Urteil vom 17.10.1996 – 3 A 1/95 – BVerwGE 102, 119 (124).

[113] BVerwG, Urteil vom 14.06.2016 – 10 C 7/15 – BVerwGE 155, 230 Rn. 19 ff.; Urteil vom 19.01.2000 – 11 C 6/99 – NVwZ 2000, 673 (675).

werden für den Fall zugelassen, dass sich Bundes- und Landesaufgaben faktisch verschränken oder überschneiden, wie z. B. bei der Errichtung und Finanzierung öffentlicher Einrichtungen[114] oder bei der Kostenaufteilung im öffentlichen Personenverkehr.[115] Allerdings ist die Kostenverteilung nicht beliebig; Art. 104a Abs. 1 GG gebietet vielmehr, dass jeder seinen eigenen Kostenanteil an der Aufgabenwahrnehmung trägt.[116] Ausdrücklich geregelte Ausnahmen von dem Grundsatz des Art. 104a Abs. 1 GG finden sich in den weiteren Absätzen der Verfassungsnorm. Diese sind hier jedoch nicht relevant.

b) Verhältnis des Bundes zu den Kommunen

Die Ausgabenverantwortung nach dem Grundgesetz gilt nicht nur im Verhältnis zwischen Bund und Ländern, sondern auch zwischen Bund und Gemeinden als Teilen der Länder.[117] Das BVerfG hat hierzu ausdrücklich ausgeführt:

„Im Bundesstaat des Grundgesetzes stehen sich Bund und Länder und die Länder untereinander gegenüber; die Kommunen sind staatsorganisatorisch den Ländern eingegliedert. Dem entspricht die für die Finanzverfassung grundlegende Lastenverteilungsregel des Art. 104a Abs. 1 GG. Sie stellt für die Ausgabenlast und ihre Konnexität mit der Aufgabenverantwortung allein Bund und Länder einander gegenüber und behandelt die Kommunen – unbeschadet der ihnen verfassungsrechtlich gewährleisteten Autonomie – als Glieder des betreffenden Landes; ihre Aufgaben und Ausgaben werden denen des Landes zugerechnet [...]. Daraus folgt, dass die aufgabengerechte Verteilung des Finanzaufkommens zwischen Bund und Ländern, die den bundesstaatlichen Bezugspunkt der Finanzverfassung bildet [...], auch die Kommunen – und zwar als Teil der Länder – einbezieht."[118]

Die strikte Trennung der Ausgabenverantwortung gilt folglich nicht im Verhältnis zwischen den Ländern und den Gemeinden; insofern werden die Gemeinden den Ländern zugerechnet.[119] Die Ausgestaltung dieses Rechtsverhältnisses ist bundesverfassungsrechtlich nicht vorgegeben, sondern Sache des jeweiligen Landes.[120]

---

[114] *Hellermann*, in: von Mangoldt/Klein/Starck, GG, 7. Auflage 2018, Art. 104a Rn. 54.

[115] BVerwG, Urteil vom 15.03.1989 – 7 C 42/87 – BVerwGE 81, 312 (314 f.).

[116] BVerwG, Urteil vom 15.03.1989 – 7 C 42/87 – BVerwGE 81, 312 (314).

[117] BVerfG, Urteil vom 27.05.1992 – 2 BvF 1, 2/88, 1/89, 1/90 – BVerfGE 86, 148 (215); BVerwG, Urteil vom 30.11.1995 – 7 C 56/93 – BVerwGE 100, 56 (59); *Tappe*, in: Bonner Kommentar, GG, 220. EL Juli 2023, Art. 104a Rn. 70, 105, 120 ff.

[118] BVerfG, Urteil vom 27.05.1992 – 2 BvF 1, 2/88, 1/89, 1/90 – BVerfGE 86, 148 (215 f.).

[119] *Heintzen*, in: von Münch/Kunig, GG, 7. Auflage 2021, Art. 104a Rn. 6, 26; *Hellermann*, in: von Mangoldt/Klein/Starck, GG, 7. Auflage 2018, Art. 104a Rn. 59.

[120] *Hellermann*, in: von Mangoldt/Klein/Starck, GG, 7. Auflage 2018, Art. 104a Rn. 59.

2. Steuerertragskompetenz nach Art. 106 GG

a) Grundsätze

Art. 106 GG regelt die Ertragshoheit, d. h. die Verteilung der steuerlichen Erträge (Aufkommen) auf Bund, Länder und Gemeinden. Diese Verteilung ist von großer verfassungsrechtlicher Bedeutung, da sie die Eigenständigkeit der öffentlichen Körperschaften wirtschaftlich absichert.[121] Daher ist das Kernanliegen des Art. 106 GG darin zu sehen, eine aufgabengerechte Verteilung des Finanzaufkommens sicherzustellen.[122] Gegenstand des Art. 106 sind nur Steuern. Die Ertragshoheit von Sonderabgaben folgt der Gesetzgebungskompetenz;[123] bei sonstigen nicht-steuerlichen Abgaben wird dies durchaus differenziert beurteilt.[124] Sonderabgaben werden regelmäßig einem Fonds zugewiesen und dem Abgabenerhebenden zugeordnet.[125]

b) Finanzielle Verschiebungen zugunsten oder zulasten eines anderen Hoheitsträgers

Als Teil der Kompetenzverteilung zwischen Bund und Ländern sind die von Art. 106 GG vorgenommenen Zuweisungen grundsätzlich zwingend. Sie können nicht eigenmächtig durch Bund oder Länder verändert werden. Auch vertragliche Vereinbarungen zwischen Bund und Länder können keine abweichenden Regelungen treffen.[126] Selbst das BVerfG darf nicht die Erlöse zwischen Bund und Ländern durch analoge Anwendung von Verfassungsvorschriften verteilen.[127] Führen Bundesregelungen zu finanziellen Einbußen bei den Ländern, sind dem Vorgehen des Bundes auch Grenzen gesetzt; dies gebietet der Grundsatz des bundesfreundlichen Verhaltens.[128]

---

[121] BVerfG, Urteil vom 04.03.1975 – 2 BvF 1/72 – BVerfGE 39, 96 (108).

[122] BVerfG, Urteil vom 27.05.1992 – 2 BvF 1, 2/88, 1/89, 1/90 – BVerfGE 86, 148 (215 f.).

[123] *Heintzen*, in: von Münch/Kunig, GG, 7. Auflage 2021, Art. 106 Rn. 1; *Schwarz*, in: von Mangoldt/Klein/Starck, GG, 7. Auflage 2018, Art. 106 Rn. 6.

[124] Vgl. *Heintzen*, in: von Münch/Kunig, GG, 7. Auflage 2021, Art. 106 Rn. 1. Siehe zu Gebühren BVerwG, Urteil vom 03.03.1994 – 4 C 1/93 – BVerwGE 95, 188 (192 f.), welches an die Gesetzgebungskompetenz anknüpft; dagegen zu den UMTS-Lizenzgebühren (Universal Mobile Telecommunications System) BVerfG, Urteil vom 28.03.2002 – 2 BvG 1, 2/01 – BVerfGE 105, 185 (193), welches auf die Verwaltungskompetenz abstellt.

[125] Siehe hierzu bereits die obigen Ausführungen unter B. I. 2. b) aa).

[126] BVerfG, Urteil vom 28.03.2002 – 2 BvG 1, 2/01 – BVerfGE 105, 185 (194); Beschluss vom 13.04.2017 – 2 BvL 6/13 – BVerfGE 145, 171 Rn. 59.

[127] BVerfG, Urteil vom 28.03.2002 – 2 BvG 1, 2/01 – BVerfGE 105, 185 (193 f.).

[128] BVerfG, Urteil vom 24.06.1986 – 2 BvF 1, 5, 6/83 – 1/84, 1, 2/85 – BVerfGE 72, 330 (397).

c) Verhältnis des Bundes zu den Kommunen (Art. 106 Abs. 9 GG)

Aufschluss zum Verhältnis zwischen Bund und Kommunen liefert insbesondere Art. 106 Abs. 9 GG, obschon die dort festgeschriebene Gleichsetzung der Länder mit den Gemeinden hauptsächlich deklaratorischer Natur ist. Als Reaktion auf die in Art. 106 Abs. 5–8 GG ausführlich geregelte Ertragszuständigkeit der Kommunen wird verfassungsrechtlich verdeutlicht, dass Gemeinden keine selbständige dritte Ebene im zweistufigen bundesstaatlichen Gefüge bilden.[129] Sie sind Teile der Länder und unterliegen damit grundsätzlich dem „Verbot unmittelbarer Finanzbeziehungen zwischen Bund und Kommunen".[130]

III. Gestaltung des staatlichen Außenkontakts zum Bürger

1. Einflussnahme durch den Bund

Das Grundgesetz kennt beim staatlichen Außenkontakt zum Bürger (sog. Ausführung von Gesetzen) die Landesverwaltung in den Formen der Landeseigenverwaltung (Art. 84 GG) und der Auftragsverwaltung (Art. 85 GG). Diese unterscheidet sich von der Bundesverwaltung in den Formen der unmittelbaren und mittelbaren Bundesverwaltung (Art. 86 GG). Anknüpfungspunkt der grundgesetzlichen Normen ist die Ausführung von Bundesgesetzen, wobei das Bundesgesetz als ein vollzugsfähiger und in der Sachkompetenz des Bundes stehender Rechtssatz verstanden wird. Eine Ausführung liegt nicht nur bei einer bloßen Subsumtion, sondern auch dann vor, wenn der Verwaltung Gestaltungsspielräume eingeräumt sind, die durch Bundesgesetze, z.B. Planungsgesetze, konkret gesteuert werden. Keine Ausführung ist jedoch die bloße Beachtung von Gesetzen.[131] Nicht in den Anwendungsfall der o. g. Verfassungsnormen fallen die Ausführung von Landesgesetzen oder die gesetzesfreie Landesverwaltung.[132]

Art. 83 GG legt ein doppeltes Regel-Ausnahme-Verhältnis fest, und zwar zum einen hinsichtlich der Verwaltungsbereiche (Verwaltungsgegenstände) und zum anderen hinsichtlich der Verwaltungsformen (Verwaltungstypen): Danach besitzt der Bund nur die ihm zugewiesenen Verwaltungskompetenzen. Der unbenannte Rest (Residualkompetenz) liegt bei den Ländern.[133] Dies entspricht auch der faktischen

---

[129] BVerfG, Urteil vom 19.09.2018 – 2 BvF 1, 2/15 – BVerfGE 150, 1 Rn. 184; *Heun*, in: Dreier, GG, 3. Auflage 2018, Art. 106 Rn. 32.

[130] BT-Drs. 17/1554, S. 5; vgl. auch *Hey*, in: Kahl/Ludwigs, Handbuch des Verwaltungsrechts, Band III, 2022, § 87 Rn. 21 ff.

[131] BVerfG, Beschluss vom 11.04.1967 – 2 BvG 1/62 – BVerfGE 21, 312 (327); *F. Kirchhof*, in: Dürig/Herzog/Scholz, GG, 100. EL Januar 2023, Art. 83 Rn. 178.

[132] *Kment*, in: Jarass/Pieroth, GG, 2022, Art. 83 Rn. 3.

[133] BFH, Urteil vom 17.05.2022 – VII R 4/19 – BFHE 278, 281 Rn. 21.

III. Gestaltung des staatlichen Außenkontakts zum Bürger

Kompetenzverteilung, weil die Landesverwaltungen dominieren.[134] Die Ausführung der Bundesgesetze durch die Länder geschieht regelmäßig in der Verwaltungsform der Landeseigenverwaltung. Auch besteht eine Vermutung für die Landeszuständigkeit.[135] Andere Verwaltungsformen sind nur auf Grund einer entsprechenden Regelung im GG zulässig.

Anders als bei der Gesetzgebung sind die Länder nicht nur berechtigt, sondern auch verpflichtet, Bundesgesetze auszuführen.[136] Die Länder müssen ihre Verwaltung nach Art, Umfang und Leistungsvermögen entsprechend den Anforderungen sachgerechter Erledigung des sich aus der Bundesgesetzgebung ergebenden Aufgabenbestandes einrichten.[137]

2. Aufgabenübertagungsverbot nach Art. 84 Abs. 1 S. 7 GG

Art. 84 Abs. 1 S. 7 GG verbietet es dem Bundesgesetzgeber, den Gemeinden und Gemeindeverbänden neue Aufgaben zu übertragen. Man spricht auch von einem „Durchgriffsverbot".[138] Die Befugnis einer Aufgabenzuweisung an Gemeinden und Gemeindeverbände hat seit 2006 nur noch der Landesgesetzgeber, der per Landesgesetz, welches dem Landesverfassungsrecht entsprechen muss, derart agieren kann.[139] Sinn und Zweck des Art. 84 Abs. 1 S. 7 GG ist es, die Organisationshoheit der Länder und die Finanzhoheit der Kommunen zu schützen.[140] Das Durchgriffsverbot ist weit auszulegen.[141]

Im Kontext des Art. 84 Abs. 1 S. 7 GG sind Aufgaben alle Bereiche staatlichen Tätigwerdens;[142] der Anwendungsbereich ist insofern sehr weit. Eine Übertragung an Gemeinden und Gemeindeverbände geschieht durch Normen, die deren Zuständigkeit für bestimmte Aufgaben begründen. Von derartigen Aufgabenübertragungs- oder -zuweisungsnormen sind allerdings diejenigen Fälle zu unterscheiden, in denen

---

[134] *Oebbecke*, in: Isensee/Kirchhof, Handbuch des Staatsrechts, Band VI, 3. Auflage 2008, § 136 Rn. 2.

[135] BVerfG, Urteil vom 15.07.2003 – 2 BvF 6/98 – BVerfGE 108, 169 (179); Beschluss vom 30.06.2015 – 2 BvR 1282/11 – BVerfGE 139, 321 Rn. 100.

[136] BVerfG, Urteil vom 10.12.1980 – 2 BvF 3/77 – BVerfGE 55, 274 (318); Beschluss vom 08.04.1987 – 2 BvR 909, 934, 935, 936, 938, 941, 942, 947/82, 64/83, 142/84 – BVerfGE 75, 108 (150); BVerwG, Urteil vom 22.03.2012 – 1 C 5/11 – BVerwGE 142, 195 Rn. 18.

[137] BVerfG, Urteil vom 10.12.1980 – 2 BvF 3/77 – BVerfGE 55, 274 (318); BVerwG, Beschluss vom 21.07.2000 – 11 BN 3/00 – NJW 2000, 3150 (3151).

[138] BVerfG, Urteil vom 21.11.2017 – 2 BvR 2177/16 – BVerfGE 147, 185 Rn. 123; Beschluss vom 07.07.2020 – 2 BvR 696/12 – BVerfGE 155, 310 Rn. 59 ff.

[139] *Kment*, in: Jarass/Pieroth, GG, 2022, Art. 84 Rn. 13.

[140] BVerfG, Beschluss vom 07.07.2020 – 2 BvR 696/12 – BVerfGE 155, 310 Rn. 66 f.; *F. Kirchhof*, in: Dürig/Herzog/Scholz, GG, 100. EL Januar 2023, Art. 84 Rn. 168.

[141] BVerfG, Beschluss vom 07.07.2020 – 2 BvR 696/12 – BVerfGE 155, 310 Rn. 76.

[142] BVerfG, Beschluss vom 07.07.2020 – 2 BvR 696/12 – BVerfGE 155, 310 Rn. 60.

die Zuständigkeitsstruktur gleichbleibt, jedoch das bestehende materielle Fachrecht modifiziert wird.[143]

Das Verbot des Art. 84 Abs. 1 S. 7 GG bezieht sich des Weiteren nicht nur auf formelle Bundesgesetze. Es bezieht sich auch auf

> „alle [anderen] bundesgesetzlichen Regelungen […], die den Bestand an kommunalen Aufgaben erweitern oder die Art und Weise ihrer eigenverantwortlichen Erledigung beeinflussen."[144]

Hierzu gehören insbesondere auch Bundesrechtsverordnungen.[145] Demgegenüber ist es unbedenklich, wenn der Bundesgesetzgeber eine Ermächtigung an die Landesregierung ausspricht, Aufgaben an die Gemeinden und Gemeindeverbände zu übertragen.[146]

Das Durchgriffsverbot zum Schutz von Gemeinden und Gemeindeverbänden gilt strikt und umfassend.[147] Es erfasst auch Aufgaben, die an alle Behörden einschließlich die der Kommunen gerichtet sind.[148] Ausnahmen dürfen auch nicht für Aufgaben zugelassen werden, welche der Gemeinde wegen der Garantie der kommunalen Selbstverwaltung nach Art. 28 Abs. 2 S. 1 GG zufallen;[149] der Schutz des Art. 28 Abs. 2 S. 1 GG kann nicht „missbraucht" werden, um die Stellung der Gemeinden zu schwächen. So gilt das Durchgriffsverbot auch für die Zuweisung der Bauleitplanung im Gemeindegebiet durch das Baugesetzbuch.[150] Allerdings ist zu berücksichtigen, dass der Bund gleichwohl

> „bestehende Regelungen ohne Weiteres ändern, erweitern, verbessern oder konzeptionell neu ausrichten [kann], selbst wenn damit Mehrbelastungen für die Kommunen verbunden sein sollten".[151]

---

[143] BVerfG, Beschluss vom 07.07.2020 – 2 BvR 696/12 – BVerfGE 155, 310 Rn. 63; BVerwG, Urteil vom 08.09.2016, 10 CN 1/15 – BVerwGE 156, 102 Rn. 28; *F. Kirchhof*, in: Dürig/Herzog/Scholz, GG, 100. EL Januar 2023, Art. 84 Rn. 169.

[144] BVerfG, Beschluss vom 07.07.2020 – 2 BvR 696/12 – BVerfGE 155, 310 Rn. 68.

[145] *F. Kirchhof*, in: Dürig/Herzog/Scholz, GG, 100. EL Januar 2023, Art. 84 Rn. 170.

[146] *F. Kirchhof*, in: Dürig/Herzog/Scholz, GG, 100. EL Januar 2023, Art. 84 Rn. 171; *Kment*, in: Jarass/Pieroth, GG, 2022, Art. 84 Rn. 13.

[147] BVerfG, Urteil vom 21.11.2017 – 2 BvR 2177/16 – BVerfGE 147, 185 Rn. 123; Beschluss vom 07.07.2020 – 2 BvR 696/12 – BVerfGE 155, 310 Rn. 84; *Schoch*, DVBl. 2007, 261 ff.

[148] *Trute*, in: von Mangoldt/Klein/Starck, GG, 7. Auflage 2018, Art. 84 Rn. 59.

[149] *Kment*, in: Jarass/Pieroth, GG, 2022, Art. 84 Rn. 14; *Trute*, in: von Mangoldt/Klein/Starck, GG, 7. Auflage 2018, Art. 84 Rn. 58.

[150] *Hermes*, in: Dreier, GG, 3. Auflage 2018, Art. 84 Rn. 73; a.A. Rundschreiben BMI/BMJ, BR-Drs. 651/06, S. 17.

[151] BVerfG, Beschluss vom 07.07.2020 – 2 BvR 696/12 – BVerfGE 155, 310 Rn. 63; *F. Kirchhof*, in: Dürig/Herzog/Scholz, GG, 100. EL Januar 2023, Art. 84 Rn. 162.

Die Auswirkungen auf die Eigenverantwortung der Gemeinden müssen aber – trotz dieser Ausnahme – gering bleiben und dürfen einer erstmaligen Aufgabenübertragung insofern nicht gleichkommen.[152]

IV. Entscheidung des Bundesverfassungsgerichts zum Bürger- und Gemeindenbeteiligungsgesetz Mecklenburg-Vorpommern

In den dargestellten finanzverfassungsrechtlichen Kontext fällt die Entscheidung des BVerfG zum Bürger- und Gemeindenbeteiligungsgesetz Mecklenburg-Vorpommern (BüGembeteilG MV).[153] Sie hat die Diskussion zur finanziellen Beteiligung von Gemeinden an den Gewinnen der Betreiber von Windenergieanlagen und Photovoltaikanlagen neu belebt.[154] Daher soll nachfolgend auf die wesentlichen Inhalte des verfassungsgerichtlichen Beschlusses eingegangen werden. Die Darstellung konzentriert sich dabei auf die hier relevanten Passagen, die einen Bezug zu den hier aufgeworfenen Fragen aufweisen.[155] Zur besseren Verständlichkeit wird zuvor der Gegenstand des gerichtlichen Verfahrens, das BüGembeteilG MV, näher erläutert.[156]

1. Wesentliche Regelungsstruktur des BüGembeteilG MV

Beschwerdegegenstand des Verfahrens vor dem BVerfG war das BüGembeteilG MV.

a) Gesellschaftsanteile

Nach § 3 BüGembeteilG MV dürfen in Mecklenburg-Vorpommern Windenergieanlagen nur durch eine „Projektgesellschaft" errichtet und betrieben werden. Diese Gesellschaft darf nur der Erzeugung von Windenergie dienen. Von dieser Projektgesellschaft muss der Vorhabenträger gem. § 4 Abs. 1 S. 1 BüGembeteilG MV mindestens 20 % der Anteile sog. „Kaufberechtigten" zum Erwerb anbieten. Die Kaufberechtigten sind in § 5 Abs. 1 und 2 BüGembeteilG MV näher bestimmt. Kaufberechtigt sind gemäß der landesrechtlichen Vorgaben in einer Entfernung von nicht mehr als fünf Kilometern vom Standort des Windparks lebende Personen und diejenigen Gemeinden, auf deren Gebiet sich die Anlage befindet oder die nicht mehr als fünf Kilometer vom Standort entfernt liegen. Die Gesetzmaterialien verdeutli-

---

[152] BVerfG, Beschluss vom 07.07.2020 – 2 BvR 696/12 – BVerfGE 155, 310 Rn. 85 f.; *Meyer*, NVwZ 2020, 1731 (1734 f.).
[153] BVerfG, Beschluss vom 23.03.2022 – 1 BvR 1187/17 – BVerfGE 161, 63.
[154] Siehe etwa *Rheinschmitt*, ZUR 2022, 532; *Erbguth*, DVBl. 2023, 133.
[155] Siehe zur Aufgabenstellung die Ausführungen unter A. II.
[156] *Maly*, Windenergieprojekte und Finanzielle Beteiligung, 2020, S. 205 ff.

chen, dass die Definition der räumlichen Voraussetzung für eine Kaufberechtigung an die spezifische Landschaftsstruktur Mecklenburg-Vorpommerns angepasst wurde.[157] Die Eigenart der Landschaftsstruktur bewirkt nämlich, dass Windenergieanlagen typischerweise noch in einem Umkreis von fünf Kilometern visuell wahrgenommen werden können.

Neben Privatpersonen sollen aber auch Gemeinden in der Lage sein, von den finanziellen Erlösen der erneuerbaren Energien zu profitieren. Allerdings sind Gemeinden beim Erwerb von Gesellschaftsanteilen privater Unternehmen nicht frei. Um den Kommunen den Erwerb von Anteilen zu ermöglichen, schreibt § 3 Abs. 3 BüGembeteilG MV deshalb vor, dass der Gesellschaftsvertrag oder die Satzung der Projektgesellschaft die Vorgaben der Kommunalverfassung von Mecklenburg-Vorpommern für eine Beteiligung von Gemeinden an privaten Unternehmen berücksichtigen müssen.

Außerdem sollen sowohl kaufberechtigte Anwohner als auch Gemeinden keinen unkalkulierbaren Risiken ausgesetzt werden. Um eine persönliche Haftung oder Nachschusspflichten auszuschließen, muss deshalb die Haftung der Käufer gem. § 3 Abs. 2 BüGembeteilG MV im Außen- und Innenverhältnis der Gesellschaft auf den Einlagebetrag beschränkt werden. Demselben Interesse ist es geschuldet, dass sich gem. § 3 Abs. 1 S. 3, 4 BüGembeteilG MV die Projektgesellschaft nur bei Vorliegen enger Voraussetzungen an anderen Gesellschaften beteiligen oder Tätigkeiten auf andere Gesellschaften auslagern darf. Nähere Einzelheiten zur Ermittlung des Kaufpreises und zur Stückelung der vom Vorhabenträger anzubietenden Anteile an der Projektgesellschaft enthält § 6 BüGembeteilG MV.

b) Ausgleichsabgabe und Sparprodukte

Das BüGembeteilG MV ist bei der wirtschaftlichen Beteiligung von Gemeinden und Bürgern nicht auf eine Option festgelegt. Gem. § 10 Abs. 5 BüGembeteilG MV kann der Vorhabenträger anstelle des Angebots zum Erwerb von Anteilen an der Projektgesellschaft der Standortgemeinde auch eine Ausgleichsabgabe (§ 11 BüGembeteilG MV) zahlen und/oder den Anwohnern ein Sparprodukt (§ 12 BüGembeteilG MV) anbieten.

Die Höhe der Ausgleichsabgabe orientiert sich gem. § 11 Abs. 2 BüGembeteilG MV am Ertrag der Projektgesellschaft. Bei der Mittelverwendung sind die begünstigten Gemeinden nicht frei: § 11 Abs. 4 BüGembeteilG MV schreibt vor, dass die Finanzmittel, die aus der Abgabe generiert wurden, zur Steigerung der Akzeptanz für Windenergieanlagen bei den Einwohnern zu verwenden sind. Zulässige Einsatzfelder sind etwa die Aufwertung des Ortsbildes oder die Förderung kommunaler Kultur-, Bildungs- oder Freizeiteinrichtungen.

---

[157] LT-Drs. 6/4568, S. 30.

Auch bei dem Sparprodukt, welches der Vorhabenträger den kaufberechtigten Anwohnern alternativ zu einer gesellschaftsrechtlichen Beteiligung anbieten kann, gibt es gesetzliche Vorgaben (vgl. § 12 BüGembeteilG MV). Hierbei handelt es sich gem. § 2 Nr. 5 BüGembeteilG MV um Sparbriefe und Festgeldanlagen. Sie unterliegen der Einlagensicherung. Die Verzinsung orientiert sich – wie bei den Gemeinden auch – am Ertrag der Projektgesellschaft. Diese Alternative kann für den Vorhabenträger von Vorteil sein. Er umgeht damit Einschränkungen, die sich anderenfalls aus der Gesellschafterstellung einer Vielzahl von Personen in der Projektgesellschaft ergeben können. Dennoch soll diese Option die kaufberechtigten Anwohnerinnen und Anwohner nicht schlechter stellen; sie sollen eine reale wirtschaftliche Teilhabe an den Erträgen der Projektgesellschaft erlangen.

Anders als bei den kaufberechtigten Anwohnern kann sich der Vorhabenträger gegenüber Gemeinden nicht aus eigener Kraft von der Gesellschafterstellung kommunaler Vertreter befreien; die Gefahr der Zersplitterung der Gesellschaftergruppe ist aber auch nicht gegeben; die Zahl der betroffenen Standortgemeinden wird eher klein sein. Daher sieht § 10 Abs. 7 S. 2 BüGembeteilG MV vor, dass die berechtigte Gemeinde einer Ausgleichsabgabe zustimmen muss, damit die Pflicht zur gesellschaftsrechtlichen Beteiligung abgegolten werden kann.

*c) Andere Formen der wirtschaftlichen Teilhabe,
insbesondere vergünstigter lokaler Stromtarif*

Schließlich ist es gem. § 10 BüGembeteilG MV möglich, dass der Vorhabenträger den kaufberechtigten Anwohnern und Gemeinden zusammen mit seinem Erwerbsangebot als Alternative zum Erwerb von Anteilen an der Projektgesellschaft andere Möglichkeiten der wirtschaftlichen Teilhabe anbietet; dazu gehört vor allem auch die Offerte eines vergünstigten lokalen Stromtarifs. Die Kaufberechtigten haben gem. § 10 Abs. 4 BüGembeteilG MV das Recht, zwischen diesen Alternativen frei zu wählen.

d) Ausnahmen

§ 1 Abs. 3 BüGembeteilG MV enthält eine Öffnungsklausel, die es der zuständigen Behörde ermöglicht, Ausnahmen von den bisher aufgeführten Verpflichtungen des Vorhabenträgers[158] zuzulassen. Dies ist sachgerecht, um dynamisch auf andere den Gesetzeszweck des BüGembeteilG MV erfüllende Beteiligungsmodelle umzustellen. Auch wird damit sichergestellt, dass eine Synchronisierung mit bundeseinheitlichen Regelungen zur finanziellen Beteiligung der Kommunen am Ausbau erneuerbarer Energien gem. § 6 EEG 2023 möglich bleibt.

---

[158] Siehe die obigen Ausführungen unter A. II. 1. a)–c).

e) Informationspflichten

Die rechtmäßige Abwicklung der Beteiligung am Gewinn der realisierten Vorhaben kann nur gelingen, wenn die kaufberechtigten Gemeinden und ansässigen Bürger über das Wirtschaften der Projektgesellschaft ausreichend informiert sind. Daher sieht das BüGembeteilG MV ausführliche Informationspflichten vor. So hat der Vorhabenträger unverzüglich nach Erhalt der immissionsschutzrechtlichen Genehmigung oder nach dem Gewinn einer Ausschreibung, die nach dem Erhalt der Genehmigung stattfindet, die kaufberechtigten Gemeinden schriftlich über das Vorhaben zu informieren, damit die Vergütung der erzeugten Strommenge bestimmt werden kann. Auch müssen ausführliche Informationen über die Projektgesellschaft und ihre wirtschaftlichen Tätigkeiten geliefert werden. Details enthalten § 4 Abs. 3 S. 2–4 i. V. m. § 7 Abs. 2 S. 1 Nr. 3, 4, 7, 8 und 13 BüGembeteilG MV. Diese Informationspflicht traf die Vorhabenträger gem. § 10 Abs. 6 S. 2 BüGembeteilG MV sowohl im Fall eines Anteilserwerbs durch die Standortgemeinde als auch für den Fall der vereinbarten Ausgleichszahlung; diese Regelung wurde später vom BVerfG jedoch für verfassungswidrig erklärt.[159]

f) Sanktionen

Das BüGembeteilG MV hält Instrumente vor, um die Anordnungen des Gesetzes im Ernstfall durchsetzen zu können. Nach § 13 BüGembeteilG MV ist die zuständige Behörde befugt, die erforderlichen Maßnahmen zur Abwehr von Zuwiderhandlungen gegen die gesetzlichen Verpflichtungen des Vorhabenträgers zu treffen. Alle diese Pflichten sind zudem gem. § 14 BüGembeteilG MV durch ein Bußgeld bei Zuwiderhandlung abgesichert.

2. Feststellungen des BVerfG

Das BVerfG hat sich in seinem Beschluss mit unterschiedlichen Aspekten zur verfassungsrechtlichen Rechtmäßigkeit des BüGembeteilG MV befasst. Diese sind alle im Kontext unterschiedlicher Rechtsfragen von besonderer Bedeutung, müssen aber vorliegend nicht vollumfänglich betrachtet werden, um den hier relevanten Themenkreis zu beurteilen.

a) Gesetzgebungskompetenzen

Das BVerfG beginnt seine rechtliche Analyse mit einer näheren Erläuterung zu Gesetzgebungskompetenzen des Landesgesetzgebers.[160] Die Einführung des Bü-

---

[159] Siehe BVerfG, Beschluss vom 23.03.2022 – 1 BvR 1187/17 – BVerfGE 161, 63 Rn. 133. Siehe hierzu auch B. IV. 2.

[160] BVerfG, Beschluss vom 23.03.2022 – 1 BvR 1187/17 – BVerfGE 161, 63 Rn. 52 ff.

GembeteilG MV wird vom BVerfG dem Recht der Wirtschaft nach Art. 72 Abs. 1 Nr. 11 GG (Recht der Energiewirtschaft) zugeordnet.

b) Kompetenzrechtliche Zulässigkeit der nicht-steuerlichen Abgabe

In einem zweiten Abschnitt des Beschlusses geht das BVerfG auf Sachfragen ein, die für die Beurteilung des § 6 EEG 2023 und denkbarer Modifikationen der Rechtsvorschrift von großem Interesse sind. Es stellt klar, dass die Regelungen des BüGembeteilG MV nicht in die Kategorie der Steuern fallen, sondern nach den Regeln der nicht-steuerlichen Abgaben zu beurteilen sind.[161] Dabei untersucht das Gericht ausschließlich die Ausgleichszahlung nach § 11 BüGembeteilG MV, nicht aber die sonstigen Verpflichtungen.

Seinen Befund erläutert das BVerfG im Detail,[162] wobei der Kontext der Darlegung wichtig ist: Das BVerfG prüft nämlich *nicht* die rechtlichen Anforderungen, die an eine solche nicht-steuerliche Abgabe verfassungsrechtlich zu stellen sind, sondern belässt es *allein* bei der Kategorisierung als nicht-steuerliche Abgabe. Diese Abgrenzung ist für das Gericht ausreichend, da mit dieser Feststellung die kompetenzrechtliche Grundlage – nämlich die relevante Sachkompetenz und nicht etwa Art. 105 GG –[163] ermittelt ist; mehr muss das BVerfG nicht bestimmen, um seine weitere Argumentation aufzubauen. Dieser Kompetenz kann das Gericht zudem die anderen Belastungen von Anlagenbetreibern, z. B. die Pflicht zur gesellschaftsrechtlichen Beteiligung, zuordnen.[164]

Im Einzelnen beschreibt das BVerfG zunächst die Merkmale der Steuer und stellt dabei zentral auf deren Finanzierungswirkung ab, die frei von Gegenleistung oder Zweckbindung sei:[165]

„Steuern im Sinne des Art. 105 GG begründen eine Gemeinlast, die allen auferlegt wird, die den steuerlichen Tatbestand erfüllen. Sie werden unabhängig von einer individuellen Gegenleistung erhoben und dienen der Finanzierung öffentlicher Aufgaben [...]. Eine Zweckbindung des Ertrags steht der Einordnung einer Abgabe als Steuer im Sinne einer Zwecksteuer nicht entgegen, wenn die Erfüllung der öffentlichen Aufgaben, deren Finanzierung diese dient, nicht den Charakter einer Gegenleistung zugunsten des Abgabepflichtigen hat."

In Abgrenzung hierzu verfolgen nicht-steuerliche Abgaben nach Feststellung des BVerfG durchaus andere Ziele: Sie sollen etwa zur Pflichterfüllung motivieren oder Vorteile abschöpfen, die aus einer öffentlich-rechtlich verschafften Besserstellung

---

[161] BVerfG, Beschluss vom 23.03.2022 – 1 BvR 1187/17 – BVerfGE 161, 63 Rn. 72.
[162] BVerfG, Beschluss vom 23.03.2022 – 1 BvR 1187/17 – BVerfGE 161, 63 Rn. 73 ff.
[163] BVerfG, Beschluss vom 23.03.2022 – 1 BvR 1187/17 – BVerfGE 161, 63 Rn. 72.
[164] BVerfG, Beschluss vom 23.03.2022 – 1 BvR 1187/17 – BVerfGE 161, 63 Rn. 80.
[165] BVerfG, Beschluss vom 23.03.2022 – 1 BvR 1187/17 – BVerfGE 161, 63 Rn. 73.

herrühren.[166] Die Abgrenzung der beiden Abgabenarten (Steuer und nicht-steuerliche Abgabe) vollzieht sich nach Ansicht des BVerfG „allein nach ihrem tatbestandlich bestimmten materiellen Gehalt ohne Rücksicht auf materielle Fragen etwa zum Grundsatz der Belastungsgleichheit nach Art. 3 Abs. 1 GG."[167]

Wendete man diese Kriterien an, sei – so das BVerfG – die Ausgleichsabgabe nach § 11 BüGembeteilG MV als nicht-steuerliche Abgabe einzuordnen und daher kompetenzrechtlich allein auf die allgemeine Sachkompetenz der Art. 70 ff. GG zu stützen.[168] Diesen Befund begründet das BVerfG maßgeblich mit der Zweckverfolgung des BüGembeteilG MV (Akzeptanzförderung), die mit konkreten Maßnahmen gesetzlich unterlegt sei. Daher werde „für die Einwohner stets erkennbar sein, dass ein Zusammenhang zwischen der Maßnahme und den aus der Windenergieerzeugung generierten Geldmitteln besteht".[169] Eine Verwendung der Mittel für Aufgaben, die „die Gemeinde ohnehin erfüllen muss,"[170] sei damit ausgeschlossen und grenze die Ausgleichsabgabe so deutlich von der Steuer ab:[171]

„Damit wird die Abgabe nicht zur Finanzierung gemeindlicher Aufgaben erhoben. Es ist den Gemeinden nicht freigestellt, die im Haushaltsplan zu dokumentierenden Einnahmen aus der Abgabe […] für beliebige gemeindliche Zwecke einzusetzen. Sie dürfen die Mittel vielmehr nur so verwenden, dass die Teilhabe der Gemeinde an der vor Ort durch die Windenergieanlagen erzeugten Wertschöpfung und die dadurch bewirkte Verbesserung der örtlichen Lebensqualität für die Bürgerinnen und Bürger konkret erfahrbar werden."

Interessant ist schließlich noch, dass sich das BVerfG mit der Frage befasst, ob die Ausgleichsabgabe eine Ausgleichs- oder Antriebsfunktion habe. Dies verneint das Gericht:[172]

„Eine Ausgleichsfunktion liegt vor, wenn die Abgabe zur möglichst gleichmäßigen Verteilung einer öffentlichen Last denjenigen als eine Art Ersatzgeld auferlegt wird, die eine öffentlich-rechtliche Handlungs- oder Unterlassungspflicht aus welchen Gründen auch immer nicht erfüllen; sie soll damit auch zur Erfüllung dieser Pflicht anhalten […]. Dies ist hier nicht gegeben."

Ähnlich klar lehnt das BVerfG auch die Anreizfunktion ab:[173]

„Eine Anreizfunktion kann die Abgabe schon deshalb nicht entfalten, weil nach § 10 Abs. 7 Satz 2 BüGembeteilG nicht der Vorhabenträger, sondern die kaufberechtigte Gemeinde darüber befindet, ob sie Anteile an der Projektgesellschaft erwerben will."

---

[166] BVerfG, Beschluss vom 23.03.2022 – 1 BvR 1187/17 – BVerfGE 161, 63 Rn. 73.
[167] BVerfG, Beschluss vom 23.03.2022 – 1 BvR 1187/17 – BVerfGE 161, 63 Rn. 74.
[168] BVerfG, Beschluss vom 23.03.2022 – 1 BvR 1187/17 – BVerfGE 161, 63 Rn. 75.
[169] BVerfG, Beschluss vom 23.03.2022 – 1 BvR 1187/17 – BVerfGE 161, 63 Rn. 76.
[170] BVerfG, Beschluss vom 23.03.2022 – 1 BvR 1187/17 – BVerfGE 161, 63 Rn. 76.
[171] BVerfG, Beschluss vom 23.03.2022 – 1 BvR 1187/17 – BVerfGE 161, 63 Rn. 77.
[172] BVerfG, Beschluss vom 23.03.2022 – 1 BvR 1187/17 – BVerfGE 161, 63 Rn. 78 f.
[173] BVerfG, Beschluss vom 23.03.2022 – 1 BvR 1187/17 – BVerfGE 161, 63 Rn. 79.

Welche Funktion die Ausgleichsabgabe nun im Ergebnis hat, klärt das BVerfG dann jedoch nicht mehr. Das Gericht belässt es bei der (bloßen) Feststellung, dass die Ausgleichsabgabe

> „eine Alternative zur Pflicht einer gesellschaftsrechtlichen Beteiligung an der Projektgesellschaft mit dem gleichgerichteten energiewirtschaftsrechtlichen Ziel dar[stelle], die Akzeptanz der Bevölkerung für neue Windenergieanlagen im Interesse des weiteren Ausbaus dieser erneuerbaren Energie zu verbessern."[174]

c) Ausschöpfen der Gesetzgebungskompetenz durch den Bund

In der weiteren rechtlichen Bewertung des Beschwerdegegenstands kommt das BVerfG zu der Feststellung, dass der Bundesgesetzgeber seine Gesetzgebungskompetenz des Energiewirtschaftsrechts nach Art. 74 Abs. 1 Nr. 11 GG nicht ausgeschöpft habe. Insbesondere die Vorgängerregelungen zum EEG 2021 hätten keine Regelungen enthalten, die sich im Widerspruch zum BüGembeteilG MV befänden.[175]

Selbst mit Blick auf § 6 EEG 2023, der sich thematisch mit der finanziellen Beteiligung von Standortkommunen auseinandersetzt, um für eine Akzeptanzförderung zu sorgen, kommt das BVerfG nicht zur Annahme einer Sperrwirkung des EEG gegenüber den landesrechtlichen Regelungen. Das BVerfG sieht zum einen Unterschiede in der Art der gesetzlichen Ausgestaltung und verweist zum anderen (vorrangig) auf § 36g Abs. 5 EEG 2021 a.F. (aktuell: § 22b EEG),[176] der eine Öffnungsklausel zugunsten weitergehender landesrechtlicher Vorgaben zur finanziellen Beteiligung von Gemeinden und Bürgern enthalte. Konkret stellt das BVerfG fest:[177]

> „Dieses Gesetz eröffnet den Anlagenbetreibern die Möglichkeit, den Standortgemeinden in begrenztem Umfang nach der vor Ort erzeugten Strommenge bemessene Zahlungen anbieten zu können (§ 6 EEG 2021; zuvor § 36k EEG 2021). Dem liegt die Annahme zugrunde, dass eine solche Teilhabe der Standortgemeinden an der Wertschöpfung des Betriebs von Windenergieanlagen die Akzeptanz für die Windenergie erhöhen und zur besseren Nutzung geeigneter Flächen für Windenergieanlagen führen kann, weshalb auch ein Eigeninteresse der Anlagenbetreiber an Zahlungen unterstellt werden könne [...]. Das bundesgesetzliche Modell einer Verbesserung der Akzeptanz für neue Windenergieanlagen unterscheidet sich zwar vor allem dadurch vom Regelungsmodell des Bürger- und Gemeindenbeteiligungsgesetzes, dass es auf eine durch freiwillige Zahlungen der Anlagenbetreiber bewirkte Teilhabe der Standortgemeinden an der vor Ort durch die Windenergie erzeugten Wertschöpfung setzt, die zudem gemäß § 6 Abs. 5 EEG 2021 letztlich über den Netzbetreiber und die EEG-Umlage auf den Verbraucher überwälzt werden kann [...].

---

[174] BVerfG, Beschluss vom 23.03.2022 – 1 BvR 1187/17 – BVerfGE 161, 63 Rn. 80.
[175] BVerfG, Beschluss vom 23.03.2022 – 1 BvR 1187/17 – BVerfGE 161, 63 Rn. 81 ff.
[176] § 36g Abs. 5 EEG 2021 a.F. hatte den mit § 22b EEG identischen Wortlaut: „Die Länder können weitergehende Regelungen zur Bürgerbeteiligung und zur Steigerung der Akzeptanz für den Bau von neuen Anlagen erlassen, sofern § 80a nicht beeinträchtigt ist.".
[177] BVerfG, Beschluss vom 23.03.2022 – 1 BvR 1187/17 – BVerfGE 161, 63 Rn. 95.

Gleichwohl haben diese bundesgesetzlichen Regelungen keine Sperrwirkung gegenüber landesgesetzlichen Regelungen ausgelöst, die Anlagenbetreiber zu einer Teilhabe Dritter an einer eigens zu gründenden Projektgesellschaft verpflichten, insbesondere auch nicht gegenüber einer Pflicht zur Zahlung einer Abgabe an die Gemeinde. Denn der Vorbehalt des § 36g Abs. 5 EEG 2021 zugunsten der Landesgesetzgebung wurde aufrechterhalten. Danach sind die Länder nach wie vor befugt, weitergehende Regelungen zur Bürgerbeteiligung und zur Steigerung der Akzeptanz für den Bau von neuen Anlagen in Kraft zu setzen."

d) Vereinbarkeit mit den Grundrechten des Beschwerdeführers

Im letzten – dem größten – Abschnitt des Beschlusses befasst sich das BVerfG mit dem grundrechtsrelevanten Eingriffscharakter des BüGembeteilG MV und seiner verfassungsrechtlichen Rechtfertigung.[178] Dabei leitet es seine Feststellungen damit ein, dass die Akzeptanzförderung letztlich den legitimen Zielen des Klimaschutzes und damit Art. 20a GG diene.[179] Auch verfolge es den Schutz der Grundrechte vor den Auswirkungen des Klimawandels[180] und unterstütze die Sicherung der Stromversorgung.[181]

Basierend auf diesen Grundannahmen folgt eine schulmäßige Grundrechtsprüfung des BVerfG, die sich zu Beginn mit der Eignung der staatlichen Maßnahme, dann mit ihrer Erforderlichkeit und zum Ende mit ihrer Angemessenheit i. e. S. auseinandersetzt. Die Ausführungen zur Eignung des BüGembeteilG MV bestätigen dabei nicht nur die Annahmen des Landesgesetzgebers, dass die gewählte Form der Bürger- und Gemeindenbeteiligung akzeptanzfördernd ist.[182] Intensiv setzt sich das Gericht auch mit der Relevanz nationaler Maßnahmen im globalen Gesamtgefüge auseinander und sieht in einer eventuellen relativen Geringfügigkeit keinen Hinderungsgrund für die Zweckeignung der Maßnahme.[183]

Im Rahmen der Erforderlichkeitsprüfung hält das BVerfG dem Gesetzgeber einen gewissen Einschätzungsspielraum hinsichtlich der zur Verfügung stehenden Maßnahmen zugute und sieht keine milderen Maßnahmen, die den Regelungserfolg gleichermaßen sicherstellen würden.[184] Auch die Entscheidungsfreiräume, die der Exekutive bei der konkreten Wahl der Belastung des Anlagenbetreibers gesetzlich zugestanden sind, werden vom BVerfG nicht beanstandet:[185]

---

[178] BVerfG, Beschluss vom 23.03.2022 – 1 BvR 1187/17 – BVerfGE 161, 63 Rn. 98 ff.
[179] BVerfG, Beschluss vom 23.03.2022 – 1 BvR 1187/17 – BVerfGE 161, 63 Rn. 103 f.
[180] BVerfG, Beschluss vom 23.03.2022 – 1 BvR 1187/17 – BVerfGE 161, 63 Rn. 105.
[181] BVerfG, Beschluss vom 23.03.2022 – 1 BvR 1187/17 – BVerfGE 161, 63 Rn. 106 ff.
[182] BVerfG, Beschluss vom 23.03.2022 – 1 BvR 1187/17 – BVerfGE 161, 63 Rn. 109 ff.
[183] BVerfG, Beschluss vom 23.03.2022 – 1 BvR 1187/17 – BVerfGE 161, 63 Rn. 120 ff.
[184] BVerfG, Beschluss vom 23.03.2022 – 1 BvR 1187/17 – BVerfGE 161, 63 Rn. 124 ff.
[185] BVerfG, Beschluss vom 23.03.2022 – 1 BvR 1187/17 – BVerfGE 161, 63 Rn. 132.

IV. Entscheidung des BVerfG zum Bürger-/Gemeindenbeteiligungsgesetz MV

„Es ist [...] nicht zu beanstanden, dass die Zulassung der von den Vorhabenträgern vorgeschlagenen Alternativen von einer auf ihre Gemeinwohldienlichkeit bezogenen Einzelfallprüfung der zuständigen Behörde abhängt."

Schließlich erachtet das BVerfG die Belastungen des BüGembeteilG MV im Verhältnis zum verfolgten Zweck der gesetzlichen Regelung für angemessen.[186] Lediglich bei der Informationspflicht gem. § 10 Abs. 6 S. 2 BüGembeteilG MV überwiegen die Bedenken.[187] Im Rahmen der Angemessenheitsprüfung setzt sich das BVerfG auch noch einmal verstärkt mit dem Regelungsziel der Akzeptanz des Ausbaus erneuerbarer Energien auseinander und bescheinigt dem BüGembeteilG MV dabei sogar eine Vorreiterrolle bzw. eine Vorbildwirkung:[188]

„Das Gesetz kann [...] als Modell für vergleichbare Regelungen zur Sicherung einer akzeptanzsteigernden bürgerschaftlichen und kommunalen Beteiligung am Ausbau der Windenergie dienen."

Das BVerfG spricht schließlich sogar die Erwartung aus, dass das mecklenburg-vorpommerische Modell entsprechende Gesetzgebungsakte in anderen Ländern hervorrufen wird und sich daher der positive Effekt dieses Regelungsansatzes bundesweit verstärken dürfte.[189]

---

[186] BVerfG, Beschluss vom 23.03.2022 – 1 BvR 1187/17 – BVerfGE 161, 63 Rn. 133 ff.
[187] BVerfG, Beschluss vom 23.03.2022 – 1 BvR 1187/17 – BVerfGE 161, 63 Rn. 151 ff.
[188] BVerfG, Beschluss vom 23.03.2022 – 1 BvR 1187/17 – BVerfGE 161, 63 Rn. 146.
[189] BVerfG, Beschluss vom 23.03.2022 – 1 BvR 1187/17 – BVerfGE 161, 63 Rn. 147.

C. Varianten bei der finanziellen Beteiligung von Kommunen an der Wertschöpfung erneuerbarer Energien

I. Vorbemerkung

Die nachfolgenden Ausführungen knüpfen sowohl an die Entscheidung des BVerfG vom 23.03.2022[190] als auch an die Grundlagen der finanzverfassungsrechtlichen Regelungen (Art. 104a ff. GG) an und beziehen zudem die verfassungsrechtlichen Vorgaben zur Ausführung von Gesetzen (Art. 83 ff. GG) mit ein. Diese verfassungsrechtlichen Vorgaben dienen der Beurteilung von denkbaren Modifikationen des § 6 EEG 2023. Sofern einzelne Elemente des § 6 EEG 2023 für die rechtliche Analyse „ausgetauscht" werden, ist zu beachten, dass bei der rechtlichen Analyse der Rechtsrahmen des § 6 EEG 2023 im Übrigen unverändert bleibt; dies gilt insbesondere für die finanzielle Beteiligung. Das bedeutet, dass im Regelfall eine Erstattung der finanziellen Beteiligung in dem derzeit festgelegten Umfang über das EEG-Konto unterstellt wird.

II. Einführung einer bundesrechtlichen Zweckvorgabe bzgl. der Verwendung des Mittelzuflusses

1. Ausgestaltungsmerkmale

Als erstes Denkmodell soll der Fall unterstellt werden, dass durch eine Änderung des § 6 EEG 2023 rechtliche Vorgaben zum Mitteleinsatz gemacht werden, welche die Standortgemeinden zu beachten haben. Dies bedeutet konkret, dass durch eine bundesrechtliche Vorgabe – eingebunden in die Systematik des § 6 EEG 2023 oder als separate Regelung (§ 6a EEG-E) – den Standortgemeinden aufgetragen wird, die ihnen von den Anlagenbetreibern im Wege der einseitigen Zuwendung zugeflossenen Zuwendungen (§ 6 Abs. 1 EEG)[191] zweckgebunden einzusetzen. Ein naheliegender Zweck wäre es, die Finanzmittel, die aus der Abgabe generiert wurden, zur Steigerung der Akzeptanz für Windenergieanlagen bei den Einwohnern zu verwenden. Zulässige Einsatzfelder könnten – in Anlehnung an die Rechtsgestaltung in

---

[190] BVerfG, Beschluss vom 23.03.2022 – 1 BvR 1187/17 – BVerfGE 161, 63.

[191] Die Zahlungen würden entsprechend der aktuellen Rechtslage von den Vorhabenträgern freiwillig geleistet.

Mecklenburg-Vorpommern –[192] die Aufwertung des Ortsbildes oder die Förderung kommunaler Kultur-, Bildungs- oder Freizeiteinrichtungen sein.

2. Finanzverfassungsrechtliche Beurteilung

a) Verstoß gegen Art. 84 Abs. 1 S. 7 GG

aa) Anforderungen des Art. 84 Abs. 1 S. 7 GG

Die beschriebene Zweckbindung bei der Mittelverwendung soll an Art. 84 Abs. 1 S. 7 GG gemessen werden. Dieser beinhaltet, wie bereits darlegt,[193] das sog. Durchgriffsverbot, welches dem Bund versagt, Gemeinden neue Aufgaben zu übertragen. Das Grundgesetz verlangt, dass allein die Länder darüber entscheiden sollen, welche Aufgaben in unmittelbarer Landesverwaltung wahrgenommen werden und welche an die Kommunen zur Aufgabenwahrnehmung gehen.[194]

Da die Einnahme und Verwendung von finanziellen Mitteln zu einem ganz bestimmten Zweck eine staatliche Tätigkeit darstellen, richten sich bundesrechtliche Vorgaben zur Verwendung von Finanzmitteln auf eine „staatliche Aufgabe" im Sinne des Art. 84 Abs. 1 S. 7 GG. Diese Aufgabe soll nach der hier untersuchten Modifikation des § 6 EEG 2023 zudem von den Kommunen wahrgenommen werden; es handelt sich also um eine Aufgabe, die sich an Gemeinden im Sinne des Art. 84 Abs. 1 S. 7 GG richtet.

bb) Verpflichtung der Gemeinde

Diese Aufgabe steht nicht im Belieben der adressierten Gemeinden, da mit Blick auf den Regelungszweck eines modifizierten § 6 EEG 2023 die Zahlungen zu erheben sind und die zugewandten Gelder tatsächlich zur Akzeptanzförderung eingesetzt werden sollen. Die Finanzmittelverschaffung zugunsten der Gemeinden enthält somit keine Entschlussfreiheit der Gemeinden, gänzlich von einem Mitteleinsatz abzusehen, was man anderenfalls möglicherweise verfassungsrechtlich mit Blick auf Art. 84 Abs. 1 S. 7 GG entlastend in Ansatz bringen könnte. Die Standortgemeinden *müssen* in der vorliegend angenommenen Variante vielmehr die Gelder zweckgerichtet einsetzen und die Zweckerreichung auch durch Verwaltungspersonal kontrollieren.[195] Die Zuwendungen der Anlagenbereiter an die Ge-

---

[192] Siehe hierzu die obigen Ausführungen unter B. IV. 1. b).
[193] Siehe die obige Darstellung unter B. III. 2.
[194] *Trute*, in: von Mangoldt/Klein/Starck, GG, 7. Auflage 2018, Art. 84 Rn. 56.
[195] Dies gilt umso mehr, wenn man die Zahlungspflicht als Sonderabgabe qualifiziert, die einen zweckgebundenen Einsatz des erhobenen Finanzmittels erfordert; vgl. dazu C. II. 2. b) aa).

meinden sollen nämlich nicht dauerhaft ungenutzt bei den Standortgemeinden aufgehäuft werden.[196]

Eine Optionalität, die der Anlagenbetreiber gem. § 6 Abs. 1 EEG 2023 bei der Entschlussfassung über die Zahlung der Zuwendung aktuell hat (also seine Entschlussfreiheit, Zuwendungen zu zahlen oder hiervon abzusehen), lässt die Anwendbarkeit des Art. 84 Abs. 1 S. 7 GG nicht entfallen. Die Pflicht zur zweckgerichteten Mittel*verwendung* setzt nämlich erst dann – und immer dann – ein, wenn es überhaupt zu einer Zahlung durch den Anlagenbetreiber gekommen ist. Auf Seiten der Gemeinde besteht also bei entsprechender Änderung des § 6 EEG 2023 kein Zweifel über die grundsätzliche Pflicht zur zweckgerechten Verwendung.

cc) Erstmalige Aufgabe

Die zweckgebundene Verwendung der zugewendeten Finanzmittel wäre nur dann verfassungsrechtlich unproblematisch, wenn sie auf Seiten der Gemeinde eine *bestehende* materielle Aufgabe erweitern würde.[197] Demgegenüber würde es sich bei der hier in den Blick genommenen Modifikation des § 6 EEG 2023 um eine „weitergehende Bestimmung zur Bürgerbeteiligung" im Sinne des § 22b EEG 2023 handeln, also um eine Regelung, die aktuell gerade *noch nicht* im EEG angelegt ist. Diese Interpretation wählt auch das BVerfG in seiner Entscheidung zum BüGembeteilG MV, um die kompetenzrechtliche Zulässigkeit der *ergänzenden* landesrechtlichen Vorgaben zu begründen.[198] Zwar würde im vorliegend relevanten Fall nicht ein Land, sondern der Bund selbst aktiv werden und den bestehenden Rechtskanon signifikant erweitern. Der Grundgedanke, dass im vorliegenden Kontext neue, „weitergehende" Aufgaben durch Bundesrecht eingeführt werden, ist aber übertragbar. Da eine akzeptanzfördernde Mittelverwendung folglich bislang nicht zum Aufgabenspektrum der Standortgemeinden gehörte, ist diese Aufgabenzuweisung *erstmalig* im Sinne des Verfassungsrechts und damit unter Beachtung des Art. 84 Abs. 1 S. 7 GG verfassungsrechtlich unzulässig.

b) Kein relatives Verbot

Im vorliegenden Kontext ist vereinzelt vertreten worden, man könne dem Verbot des Art. 84 Abs. 1 S. 7 GG dadurch entgehen, dass man die Zweckverwendungsvorgabe möglichst weit fasse.[199] Dieser Ansatz unterstellt, dass die Vorgaben des

---

[196] Hierfür spricht auch, dass man nur durch einen verbindlichen Mitteleinsatz – im Vorgriff auf die nachfolgenden Ausführungen – eine zweckgerichtete Verwendung einer Sonderabgabe rechtfertigen könnte. Hierzu ist der zweckgerichtete Mitteleinsatz eine Grundvoraussetzung; vgl. nachfolgend C. II. 2. b) aa).

[197] Siehe hierzu bereits oben unter B. III. 2.

[198] BVerfG, Beschluss vom 23.03.2022 – 1 BvR 1187/17 – BVerfGE 161, 63 Rn. 95.

[199] *IÖW/IKEM/BBH/BBHC*, Finanzielle Beteiligung von betroffenen Kommunen bei Planung, Bau und Betrieb von erneuerbaren Energien, 2020, S. 84.

Art. 84 Abs. 1 S. 7 GG eine Art von „relativen Schranken" der Aufgabenübertragung an die Gemeinden darstellen, die man im Wege der Abwägung überwinden könnte, wenn die Aufgabenübertragung nur hinreichend gering sei. Diese Überlegungen sind jedoch im Ansatzpunkt verfehlt. Das Verbot des Art. 84 Abs. 1 S. 7 GG ist ein striktes Verbot, das nicht hinsichtlich der „Schwere" der Belastung unterscheidet;[200] es wäre auch kaum möglich einen Schweregrad (nach ungewissen Kriterien) im Einzelfall rechtssicher zu bestimmen.

c) Aufgabenzuweisung mit finanzieller Ausstattung

Obschon der Aufgabenbegriff des Art. 84 Abs. 1 S. 7 GG grundsätzlich weit zu verstehen ist und alle Bereiche staatlichen Tätigwerdens erfasst,[201] könnte man im vorliegenden Zusammenhang gleichwohl über eine Ausnahme nachdenken, die am Regelungszweck des Art. 84 Abs. 1 S. 7 GG ansetzt. Art. 84 Abs. 1 S. 7 GG will nämlich neben der Autonomie von Ländern und Gemeinden auch die finanzielle Beweglichkeit der Kommunen schützen; denn Gemeinden müssen wegen der Grundregel des Art. 104a GG grundsätzlich die Kosten ihrer Aufgabenwahrnehmung selbst tragen.[202] Daraus lässt sich ableiten, dass durch Art. 84 Abs. 1 S. 7 GG einer ungehinderten bundesrechtlichen Aufgabenübertragung, welche die Gefahr einer durch den Bund aufoktroyierten finanziellen Überforderung mit sich bringen könnte, entgegengewirkt werden soll.[203] Dieser Gedanke kann aufgegriffen werden, um darüber nachzudenken, die Anwendung des Art. 84 Abs. 1 S. 7 GG einzuschränken, wenn den Gemeinden nicht nur eine Aufgabe übertragen, sondern zugleich auch die erforderliche Finanzausstattung verschafft wird.[204] Der Gefahr einer finanziellen Überforderung der betroffenen Gemeinden wäre damit entgegengewirkt.

Diesem Ansatz ist gleichwohl entgegenzuhalten, dass die finanzielle Belastung von Gemeinden nicht der *einzige* Schutzzweck des Art. 84 Abs. 1 S. 7 GG ist. Art. 84 Abs. 1 S. 7 GG ist auch – wenn nicht gar vorrangig –[205] darauf gerichtet, die Autonomie der Länder zu wahren,[206] um landesseitig die Aufgabenwahrnehmung eigenverantwortlich organisieren zu können. Wollte man hiervon Ausnahmen zulas-

---

[200] *F. Kirchhof*, in: Dürig/Herzog/Scholz, GG, 100. EL Januar 2023, Art. 84 Rn. 162; *Kahl/Wegner*, Kommunale Teilhabe an der lokalen Wertschöpfung der Windenergie, 2018, S. 13.

[201] BVerfG, Beschluss vom 07.07.2020 – 2 BvR 696/12 – BVerfGE 155, 310 Rn. 60.

[202] *F. Kirchhof*, in: Dürig/Herzog/Scholz, GG, 100. EL Januar 2023, Art. 84 Rn. 164.

[203] *Rheinschmitt*, ZUR 2022, 532 (539).

[204] *Kahl/Wegner*, Kommunale Teilhabe an der lokalen Wertschöpfung der Windenergie, 2018, S. 12 f.

[205] *Trute*, in: von Mangoldt/Klein/Starck, GG, 7. Auflage 2018, Art. 84 Rn. 57; den Schutz der kommunalen Selbstverwaltung als primäres Ziel betont *Hermes*, in: Dreier, GG, 3. Auflage 2018, Art. 84 Rn. 72.

[206] *Hermes*, in: Dreier, GG, 3. Auflage 2018, Art. 84 Rn. 72.

sen, müssten zumindest Ansätze, die auf eine solche Ausnahme hindeuten könnten, im Wortlaut des Art. 84 Abs. 1 S. 7 GG angelegt sein. Daran fehlt es aber.

3. Zwischenergebnis

Art. 84 Abs. 1 S. 7 GG verbietet es dem Bund strikt, Standortgemeinden durch eine Änderung des § 6 EEG 2023 erstmalig bundesrechtliche Vorgaben zu machen, zu welchem Zweck die vereinnahmten Finanzmittel zu verwenden sind.[207]

III. Verpflichtende finanzielle Beteiligung

1. Einführung einer verpflichtenden finanziellen Beteiligung von Gemeinden

Die nachfolgende Untersuchung richtet den Blick auf die juristische Bewertung einer verpflichtenden und nicht nur optionalen Zahlung der Anlagenbetreiber an die Standortgemeinde; dabei soll diese Zahlungspflicht durch den Bundesgesetzgeber angeordnet werden. Dies würde bedeuten: Im Gegensatz zum aktuell gültigen § 6 EEG 2023, wonach Anlagenbetreiber Gemeinden, die von der Errichtung einer Anlage betroffen sind, finanziell beteiligen „sollen" bzw. zu diesem Zweck einseitige Zuwendungen ohne Gegenleistung anbieten „dürfen", wäre die Zahlung zwingend zu tätigen.

Bei der rechtlichen Analyse dieser Annahme wird die finanzverfassungsrechtliche Rechtmäßigkeit in verschiedenen Varianten betrachtet. So wird in einem Fall unterstellt, dass die zahlungspflichtigen Anlagenbetreiber für ihre Aufwendungen *nicht* entschädigt werden (2.). In einem zweiten Modell sollen *alle* Anlagenbetreiber eine Entschädigung erhalten (3.), während in einem dritten Modell nur *bestimmte* Zahlungspflichtige einen finanziellen Ausgleich nach definierten Merkmalen bekommen (4.). Schließlich wird untersucht, welche finanzverfassungsrechtlichen Konsequenzen eintreten, wenn nur *bestimmte Anlagenbetreiber* eine Zahlungspflicht erfüllen müssen, die wiederum als einzige einen finanziellen Ausgleich für sich in Anspruch nehmen können (5.).

2. Finanzverfassungsrechtliche Beurteilung bei ausbleibender Entschädigung

Im Folgenden soll die Verfassungsmäßigkeit einer verbindlichen Zahlungspflicht auf Seiten des Vorhabenträgers untersucht werden. Es wird weiter unterstellt, dass der Vorhabenträger hierfür *nicht* finanziell entschädigt wird.

---

[207] Im Ergebnis wohl auch *Weidinger*, ZNER 2021, 335 (340).

III. Verpflichtende finanzielle Beteiligung

a) Materielle Qualifikation

Die rechtliche Einordung einer verbindlichen Zahlungspflicht in den verfassungsrechtlichen Kanon der Steuern und nicht-steuerlichen Abgaben fällt nicht immer leicht. Eine Anknüpfung an begriffliche Kategorien, also ein „Labeling", ist ebenso wenig maßgeblich wie die haushaltsrechtliche Zuordnung; relevant für die finanzverfassungsrechtliche Qualifikation einer Abgabe ist allein der „tatbestandlich bestimmte materielle Gehalt".[208]

b) Beurteilung im Einzelnen

aa) Sonderabgabe

Mit Blick auf den Beschluss des BVerfG zur Bürger- und Gemeindebeteiligung in Mecklenburg-Vorpommern[209] bietet es sich an, die rechtliche Einordnung einer verbindlichen Zahlungspflicht zunächst mit einem Vergleich mit verschiedenen nicht-steuerlichen Abgaben zu beginnen. Dabei soll zunächst untersucht werden, ob der Bundesgesetzgeber in diesem Fall eine Sonderabgabe einführen würde. Bei der Einordnung einer Abgabepflicht als Sonderabgabe muss nachgewiesen werden, dass sie

„die Abgabenschuldner über die allgemeine Steuerpflicht hinaus mit Abgaben belastet, ihre Kompetenzgrundlage in einer Sachgesetzgebungszuständigkeit sucht und das Abgabeaufkommen einem Sonderfonds vorbehalten ist."[210]

Diese Grenzziehung ist erforderlich, da sich die Sonderabgabe im Zweifel einer Zweck- oder Lenkungssteuer sehr eng annähern kann. Wie bereits festgestellt, finanzieren Steuern zwar allgemeine Staatsaufgaben[211] und fließen deshalb auch in den allgemeinen Haushalt.[212] Dies schließt es nach allgemeiner Auffassung aber nicht aus, Zweckbindungen[213] und Lenkungswirkungen[214] bei der Ausgestaltung von Steuern zu berücksichtigen. Um nicht in Konkurrenz zum Steuergesetzgeber zu kommen, muss die Sonderabgabe daher ein Ausnahmefall bleiben, die engen Vor-

---

[208] BVerfG, Beschluss vom 18.05.2004 – 2 BvR 2374/99 – BVerfGE 110, 370 (384); Beschluss vom 13.04.2017 – 2 BvL 6/13 – BVerfGE 145, 171 Rn. 103; Beschluss vom 23.03.2022 – 1 BvR 1187/17 – BVerfGE 161, 63 Rn. 74.

[209] BVerfG, Beschluss vom 23.03.2022 – 1 BvR 1187/17 – BVerfGE 161, 63 Rn. 75 ff.

[210] BVerfG, Beschluss vom 09.11.1999 – 2 BvL 5/95 – BVerfGE 101, 141 (148).

[211] BVerfG, Urteil vom 07.05.1998 – 2 BvR 1991, 2004/95 – BVerfGE 98, 106 (118).

[212] BVerfG, Beschluss vom 11.10.1994 – 2 BvR 633/86 – BVerfGE 91, 186 (201).

[213] BVerfG, Beschluss vom 07.11.1995 – 2 BvR 413/88, 1300/93 – BVerfGE 93, 319 (348); Urteil vom 20.04.2004 – 1 BvR 1748/99, 905/00 – BVerfGE 110, 274 (294); Urteil vom 18.07.2018 – 1 BvR 1675/16, 745, 836, 981/17 – BVerfGE 149, 222 Rn. 53.

[214] BVerfG, Urteil vom 07.05.1998 – 2 BvR 1991, 2004/95 – BVerfGE 98, 106 (117); Urteil vom 20.04.2004 – 1 BvR 1748/99, 905/00 – BVerfGE 110, 274 (292 f.); Beschluss vom 15.01.2014 – 1 BvR 1656/09 – BVerfGE 135, 126 Rn. 47.

aussetzungen unterliegt.²¹⁵ Insbesondere fordert das BVerfG, dass die eingenommenen Finanzmittel bei der Sonderabgabe in einen zweckgebundenen Sonderfonds fließen,²¹⁶ um die Grenzziehung zur Zwecksteuer zu erreichen. Es ist vor diesem Hintergrund nicht überraschend, dass das BVerfG bei der Abgrenzung von Steuern und Sonderabgaben regelmäßig zu Beginn seiner Ausführungen nach einer Zweckbindung der eingenommenen Abgaben sucht: In seinem Beschluss zum Hessischen Sonderurlaubsgesetz beginnt der erkennende Senat deshalb die Differenzierung mit dem Hinweis:²¹⁷

„Die Ausgleichsabgabe nach § 7 Abs. 2 Satz 1 HSUG ist keine Steuer, weil das Aufkommen nicht in den allgemeinen Haushalt fließt, sondern in einem *besonderen Fonds verwaltet wird*, aus dem die Kosten finanziert werden, die durch den Sonderurlaub für Arbeitnehmer zur Mitarbeit in der Jugendarbeit entstehen."

In ähnlicher Weise geht auch das BVerfG in seinem Beschluss zum mecklenburg-vorpommerischen BüGembeteilG vor. Es steuert bei seiner Abgrenzung unmittelbar auf die strikte Zweckbindung der landesrechtlichen Vorgaben zu und legt dar, dass die eingenommenen Finanzmittel gerade *nicht* in den allgemeinen Staatshaushalt der Gemeinden fließen. Hierauf stützt es die Abgrenzung zur Steuer, die nicht gegeben sei:²¹⁸

„Gemäß § 11 Abs. 4 Satz 1 BüGembeteilG haben die Gemeinden die Mittel aus der Ausgleichsabgabe ‚zur Steigerung der Akzeptanz für Windenergieanlagen bei ihren Einwohnern zu verwenden'. Das Gesetz bestimmt auch, wie das geschehen soll. Es werden beispielhaft Maßnahmen genannt, mit denen dieser *Zweck unter Verwendung von Abgabemitteln* erreicht werden kann, wie die Aufwertung des Ortsbildes und der ortsgebundenen Infrastruktur, die Optimierung der Energiekosten oder des Energieverbrauchs in der Gemeinde oder die Förderung von Veranstaltungen und Einrichtungen der Kultur, Bildung oder Freizeit; hierbei muss für die Einwohner stets erkennbar sein, dass ein Zusammenhang zwischen der Maßnahme und den aus der Windenergieerzeugung generierten Geldmitteln besteht (§ 11 Abs. 4 Satz 2 BüGembeteilG). Die Abgabemittel dürfen nach § 11 Abs. 4 Satz 3 BüGembeteilG auch nur für freiwillige Selbstverwaltungsaufgaben verwendet werden, nicht für Aufgaben, welche die Gemeinde ohnehin erfüllen muss […]. Damit wird die Abgabe nicht zur Finanzierung gemeindlicher Aufgaben erhoben. Es ist den Gemeinden *nicht freigestellt*, die im Haushaltsplan zu dokumentierenden Einnahmen aus der Abgabe […] *für beliebige gemeindliche Zwecke einzusetzen*. Sie dürfen die Mittel vielmehr nur so verwenden, dass die Teilhabe der Gemeinde an der vor Ort durch die Windenergieanlagen erzeugten Wertschöpfung und die dadurch bewirkte Verbesserung der örtlichen Lebensqualität für die Bürgerinnen und Bürger konkret erfahrbar werden."

---

[215] Siehe die obigen Ausführungen unter B. I. 2.
[216] BVerfG, Beschluss vom 09.11.1999 – 2 BvL 5/95 – BVerfGE 101, 141 (148).
[217] BVerfG, Beschluss vom 09.11.1999 – 2 BvL 5/95 – BVerfGE 101, 141 (148). Hervorhebung nicht im Original.
[218] BVerfG, Beschluss vom 23.03.2022 – 1 BvR 1187/17 – BVerfGE 161, 63 Rn. 76f. Hervorhebungen nicht im Original.

Beide höchstgerichtlichen Entscheidungen verdeutlichen, welche Bedeutsamkeit die Festschreibung eines Verwendungszwecks und – vor allem – der Zufluss der Einnahmen in den allgemeinen Haushalt (Steuer) bzw. in einen Sonderfonds (Sonderabgabe) besitzt. Betrachtet man vor diesem Hintergrund die Ausgestaltung des § 6 EEG 2023 näher und zieht man zusätzlich die Gesetzesmaterialien hinzu,[219] wird deutlich, dass § 6 EEG 2023 eigentlich nicht dazu gedacht war, eine allgemeine Finanzierungsfunktion zugunsten der Gemeinden wahrzunehmen. Die Norm ist darauf ausgerichtet, belastete Standortgemeinden mit finanziellen Mitteln auszustatten, um damit akzeptanzfördernde Maßnahmen vor Ort ergreifen zu *können*.[220] Der Bundesgesetzgeber entschließt sich gerade nicht dazu, diese Zweckbindung gesetzlich zu erzwingen. Ein Verwendungszweck wird bewusst *nicht* vorgegeben. Auch in der übrigen Ausgestaltung des § 6 EEG 2023 – etwa im Verhältnis von Anlagenbetreiber und Standortgemeinde – legt der Bundesgesetzgeber Wert darauf, die Handlungsfreiheit der Standortgemeinde zu erhalten. Dies belegen die Gesetzesmaterialien zu § 36k EEG 2021 a. F., der Vorgängerregelung des § 6 EEG 2023.[221] Dort heißt es:

„Für die einzelnen Gemeinden stellen die zusätzlichen Einnahmen einen nicht unbedeutenden Betrag dar, der akzeptanzfördernd eingesetzt dazu führen *kann*, dass zukünftig auch weitere Standorte für die Errichtung und den Betrieb von Windenergieanlagen zur Verfügung stehen. Da die Gemeinden am besten einschätzen können, wie die Mittel vor Ort am besten eingesetzt werden können, wird *kein Verwendungszweck* vorgegeben. […] Die fehlende Gegenleistung der Gemeinde ist Wesensmerkmal des Angebots. Dadurch wird sichergestellt, dass die Gemeinde aufgrund der Zahlung nicht bestimmte Handlungen für den Anlagenbetreiber vornimmt und dass die *Mittel von der Gemeinde selbstbestimmt verwendet werden können*."

Diese Öffnung des Verwendungszwecks spricht für die Einordnung des § 6 EEG 2023 in den Kanon der Steuern; eine Sonderabgabe liegt bereits aus diesem Grund nicht vor. Selbst wenn man § 6 EEG 2023 eine Zweckbindung zusprechen wollte oder gar eine solche ausdrücklich einführen würde, wären diesem Unterfangen verfassungsrechtliche Hürden entgegengestellt. Wie bereits aufgezeigt wurde,[222] ist die Einführung einer Zweckbindung verfassungsrechtlich nicht möglich; sie würde an Art. 84 Abs. 1 S. 7 GG scheitern. Daher darf man zusammenfassend festhalten, dass eine nicht-steuerliche Sonderabgabe in § 6 EEG 2023 weder angelegt ist, noch rechtssicher dort eingeführt werden kann.

---

[219] BT-Drs. 19/23482 zum damaligen § 36k EEG 2021 a. F., der teleologisch § 6 EEG 2023 entspricht.
[220] BT-Drs. 19/23482.
[221] BT-Drs. 19/23482, S. 113. Hervorhebungen nicht im Original.
[222] Siehe die obigen Ausführungen unter C. II. 2.

bb) Abschöpfungsabgabe

(1) Die (verneinenden) Feststellungen zur Sonderabgabe legen es nahe, alternative Überlegungen anzustellen. So könnte die Abgabepflicht nach § 6 EEG 2023 möglicherweise auch als Abschöpfungsabgabe einzustufen sein. Dies würde allerdings voraussetzen, dass bei den zahlungspflichtigen Anlagenbetreibern ein individueller Sondervorteil zu erkennen ist, der durch die Abgabepflicht des § 6 EEG 2023 auszugleichen wäre.[223]

Sondervorteile sind solche Begünstigungen, die dem Einzelnen den Zugriff auf Güter der Allgemeinheit verschaffen, der für andere nicht in gleicher Weise besteht.[224] Dafür kommt insbesondere eine privilegierte Teilhabe an einem Gut der Allgemeinheit in Betracht,[225] wobei es nicht Voraussetzung ist, dass der Begünstigte die privilegierte Rechtsposition wirtschaftlich verwertet.[226]

In der Literatur ist diese Argumentationslinie zur Begründung eines Sondervorteils immer wieder aufgebaut worden. Teilweise wurde eine planerische Ausweisung zugunsten erneuerbarer Energien durch Flächennutzungspläne oder Raumordnungspläne als Sondervorteil im Verhältnis zu den nicht planerisch ausgewiesenen konkurrierenden Nutzungen eingestuft.[227] Teilweise wurde in der Wirkungskette noch früher angesetzt und die Privilegierung des § 35 Abs. 1 BauGB für sich bereits als Sondervorteil gegenüber nichtprivilegierten Nutzungen eingestuft, eine Argumentation, die ohnehin (wohl) nur für Windenergieanlagen und nicht für Photovoltaikanlagen passt.[228] Unterfüttert wurden diese Auffassungen mit der Feststellung, dass Grund und Boden begrenzte (Umwelt-)Ressourcen darstellten, die dem Einzelnen nicht frei zur Verfügung stünden.

Man wird dieser Argumentation wohl kaum entgegenhalten können, dass die Ansiedlung von erneuerbaren Energien in einem Umfeld erfolgt, das sich vom was-

---

[223] Allgemein zum Sondervorteil *Kment*, in: Jarass/Pieroth, GG, 2022, Art. 105 Rn. 24; *Seiler*, in: Dürig/Herzog/Scholz, GG, 100. EL Januar 2023, Art. 105 Rn. 92; kritische Anmerkungen bei *Wernsmann/Bering*, NVwZ 2020, 497 (501 f.).

[224] Vgl. BVerfG, Beschluss vom 07.11.1995 – 2 BvR 413/88, 1300/93 – BVerfGE 93, 319 (345 f.); *Kment*, in: Jarass/Pieroth, GG, 2022, Art. 105 Rn. 24; *Wernsmann/Bering*, NVwZ 2020, 497 (502).

[225] BVerfG, Beschluss vom 07.11.1995 – 2 BvR 413/88, 1300/93 – BVerfGE 93, 319 (344); BVerwG, Urteil vom 10.10.2012 – 7 C 10/10 – BVerwGE 144, 248 Rn. 42.

[226] BVerwG, Urteil vom 28.06.2007 – 7 C 3/07 – NVwZ-RR 2007, 750 (752); Urteil vom 16.11.2017 – 9 C 16/16 – NVwZ-RR 2018, 983 (984); Urteil vom 26.01.2022 – 9 C 5/20 – ZUR 2022, 554 Rn. 15; *Köck/Gawel*, ZUR 2022, 541 (543).

[227] Siehe u.a. *Köck*, ZUR 2017, 684 (687 f.); *Köck/Gawel*, ZUR 2022, 541 (542 ff.).

[228] *Kahl/Wegner*, Kommunale Teilhabe an der lokalen Wertschöpfung der Windenergie, 2018, S. 32 ff.; *Köck/Rheinschmitt*, NVwZ 2020, 1697 (1698). Für nicht privilegierte Nutzungen, z.B. Photovoltaik außerhalb des Anwendungsbereichs des § 35 Abs. 1 Nr. 8, 9 BauGB, wäre dieser Ansatz nicht tragfähig.

III. Verpflichtende finanzielle Beteiligung

serrechtlichen Bewirtschaftungsregime substanziell unterscheidet.[229] Das aus der Wasserpfennig-Entscheidung des BVerfG abgeleitete Erfordernis einer öffentlich-rechtlichen Bewirtschaftungsordnung[230] wurde nämlich in einer Entscheidung des BVerwG zum Emissionshandelssystem relativiert.[231] Auch der Emissionshandel wurde in dieser Entscheidung als öffentlich-rechtliche Nutzungsordnung eingeordnet.

Allerdings wurde sowohl in der Wasserpfennigentscheidung wie auch der Entscheidung zum Emissionshandelssystem klargestellt, dass der abschöpfungsfähige Vorteil in einer *tatsächlich eröffneten* Nutzung liegen muss:

> „Wird dem Einzelnen die *Nutzung* an einer solchen Ressource *eröffnet*, so erlangt er einen Sondervorteil gegenüber all denen, die das betreffende Gut nicht oder nicht in gleichem Umfang nutzen dürfen. Es ist gerechtfertigt, diesen Vorteil ganz oder teilweise abzuschöpfen."[232]

Demgegenüber wird im (weiten) Kontext des § 6 EEG 2023 die tatsächliche Nutzung der erneuerbaren Energien nicht durch planerische „Vorarbeiten" gewährt, sondern erst durch die immissionsschutzrechtliche Genehmigung des Anlagenbetreibers bewirkt. Auf deren Erteilung hat der Anlagenbetreiber bei Einhaltung der materiellen Voraussetzungen des § 6 Abs. 1 BImSchG allerdings einen gebundenen Anspruch.[233] Es liegt also nicht im Ermessen einer staatlichen Stelle, insofern einen Sondervorteil zu gewähren.

Es ist nicht abschließend feststellbar, ob die strenge Rechtsprechung des BVerfG zur Erhebung von nicht-steuerlichen Abgaben darauf angelegt ist, die eigentlich eng auszulegenden Regeln über nicht-steuerliche Abgaben[234] zukünftig weiter auszudehnen. Ansatzpunkt für eine solche richterliche Neubewertung könnte im Kontext des Ausbaus erneuerbarer Energien sein, dass Bund und Länder sowohl durch ausgedehnte gesetzgeberische Privilegierungen und Sonderbehandlungen der Windenergie[235] als auch durch gezielte und engagierte landesrechtliche Planungsakte

---

[229] Vgl. dazu auch *IÖW/IKEM/BBH/BBHC*, Finanzielle Beteiligung von betroffenen Kommunen bei Planung, Bau und Betrieb von erneuerbaren Energien, 2020, S. 75 f.

[230] BVerfG, Beschluss vom 07.11.1995 – 2 BvR 413/88, 1300/93 – BVerfGE 93, 319 (339).

[231] BVerwG, Urteil vom 10.10.2012 – 7 C 9/10 – NVwZ 2013, 587 Rn. 23.

[232] BVerfG, Beschluss vom 07.11.1995 – 2 BvR 413/88, 1300/93 – BVerfGE 93, 319 (345 f.); so auch BVerwG, Urteil vom 10.10.2012 – 7 C 9/10 – NVwZ 2013, 587 Rn. 21. Hervorhebung nicht im Original.

[233] Ebenso *IÖW/IKEM/BBH/BBHC*, Finanzielle Beteiligung von betroffenen Kommunen bei Planung, Bau und Betrieb von erneuerbaren Energien, 2020, S. 75; allgemein zum Anspruch auf eine Genehmigung nach § 6 BImSchG BVerwG, Urteil vom 24.11.1994 – 7 C 25/93 – BVerwGE 97, 143 (148); Beschluss vom 23.11.2010 – 4 B 37/10 – ZfBR 2011, 166 (166); *Jarass*, BImSchG, 14. Auflage 2022, § 6 Rn. 45.

[234] BVerfG, Beschluss vom 11.10.1994 – 2 BvR 633/86 – BVerfGE 91, 186 (203): „seltene Ausnahme".

[235] Insofern kann aus der Vielzahl von Regelungen u. a. auf §§ 245e, 249 BauGB, § 2 EEG, § 26 Abs. 3 BNatSchG, das WindBG oder – landesrechtlich – auf § 4b KSG BW verwiesen werden.

optimale Voraussetzungen zu schaffen suchen, damit sich diese Raumnutzung gegenüber anderen konkurrierenden Nutzungen durchsetzen kann.[236] Die spätere immissionsschutzrechtliche Genehmigung müsste dann gegenüber der gewährten gesetzlichen und planerischen Sonderstellung der Windenergie entweder als finanzverfassungsrechtlich unbedeutender Zwischenakt eingeschätzt oder bei wirtschaftlicher Betrachtung als vernachlässigbar eingestuft werden. Diese Entwicklung muss jedoch abgewartet werden, sie kann nicht prognostiziert werden.

(2) In jedem Fall dürfte der Einwand unbedeutend sein, die Windenergie nutze definitionsgemäß Wind zur energiewirtschaftlichen Verwertung und keine Fläche. Der gewinnbringende Sondervorteil könne also nur im Zugang zum Wind liegen, nicht aber in der bevorzugten Standortsuche.[237] Dabei wird übersehen, dass sich die Gewinnung von Energie aus Luftbewegungen – zumindest nach aktuellem Forschungsstand – nicht ohne die notwendige Verankerung der Anlage in/auf einer Fläche realisieren lässt. Damit ist der Standort einer Windenergieanlage eine notwendige Grundvoraussetzung der Windenergiegewinnung. Ähnlich ist es im Wasserrecht, wenn es um die Abwasserabgabe geht. Letztgenannte bezieht sich auf die Einleitung von Schmutzwasser in ein Gewässer (vgl. § 1 AbwAG), wobei aus der reinen Abwasserableitung ebenfalls kein wirtschaftlicher Gewinn gezogen wird. Das Abwasser ist vielmehr Abfallprodukt des wirtschaftlich relevanten Verarbeitungsprozesses. Gleichwohl ist die Gewährung eines Sondervorteils insofern unzweifelhaft.[238]

(3) Schwerwiegendere rechtliche Vorbehalte ergeben sich allerdings aus der finanzverfassungsrechtlichen Vorgabe zur Ertragskompetenz. Wie bereits festgestellt,[239] kommt bei nicht-steuerlichen Abgaben nicht Art. 106 GG zur Anwendung; es fehlen ausdrückliche Regelungen des Grundgesetzes zur Verteilung der eingenommenen Finanzmittel. Während es als gesichert angesehen werden kann, dass die Ertragshoheit von Sonderabgaben der Gesetzgebungskompetenz folgt,[240] ist bei den sonstigen nicht-steuerlichen Abgaben die Rechtsauffassung vielschichtiger, wobei überwiegend die Auffassung vertreten wird, die Ertragskompetenz folge der Verwaltungskompetenz, also der nach den Art. 83 ff. GG zu beurteilenden Wahrnehmungskompetenz.[241]

---

[236] Bei der Photovoltaik sind ebenfalls Förderbestrebungen gegeben; vgl. etwa Art. 1 des Gesetzes zur Stärkung der Digitalisierung im Bauleitplanverfahren und zur Änderung weiterer Vorschriften vom 03.07.2023 (BGBl. I 2023, Nr. 176, 214). Diese Förderungen sind aber von Umfang und Qualität her mit der Förderung von Windenergieanlagen nicht vergleichbar.

[237] Vgl. *IÖW/IKEM/BBH/BBHC*, Finanzielle Beteiligung von betroffenen Kommunen bei Planung, Bau und Betrieb von erneuerbaren Energien, 2020, S. 75.

[238] BVerwG, Urteil vom 25.05.2016 – 7 C 13/14 – NVwZ-RR 2016, 790 Rn. 28, 34.

[239] Siehe die obigen Ausführungen unter B. II. 2.

[240] *Heintzen*, in: von Münch/Kunig, GG, 7. Auflage 2021, Art. 106 Rn. 1; *Schwarz*, in: von Mangoldt/Klein/Starck, GG, 7. Auflage 2018, Art. 106 Rn. 6.

[241] Vgl. *Heintzen*, in: von Münch/Kunig, GG, 7. Auflage 2021, Art. 106 Rn. 1. Siehe zu Gebühren BVerwG, Urteil vom 03.03.1994 – 4 C 1/93 – BVerwGE 95, 188 (192 f.), welches

Die Entscheidung dieses Rechtsstreits kann aber letztlich offenbleiben: Stellt man auf die Verwaltungskompetenz ab, stehen die Einnahmen aus der Abschöpfungsabgabe nach den Art. 83 ff. GG den Ländern zu, während man bei der überwiegenden Zahl der Sachgesetzgebungskompetenzen nach Art. 70 ff. GG auf die Zuständigkeit des Bundes zusteuert.[242] In jedem Fall obliegt es *nicht* der Gemeinde, die Erträge aus der Vorteilsabschöpfung zu vereinnahmen. Eine Verschiebung der Einnahmen von den Ländern an die Gemeinden bedürfte der vorherigen Zustimmung der Länder, während eine Verschiebung vom Bund auf die Gemeinden finanzverfassungsrechtlich nicht erlaubt wäre.[243]

Zusammenfassend kann man daher festhalten, dass die Änderung des § 6 EEG 2023 durch Einführung einer verbindlichen Zahlungspflicht in Form der Vorteilsabschöpfung verfassungsrechtlich nicht abgebildet werden kann. Insbesondere fehlt den begünstigten Gemeinden die Ertragshoheit.

cc) Sonstige Abgabeformen

Eine Abgabe ohne Finanzierungszweck, wie sie bereits erläutert wurde,[244] wäre in einem modifizierten § 6 EEG 2023 nicht zu sehen. Die verpflichtende Zahlung eines Geldbetrags an die Standortgemeinden zielt nämlich darauf ab, die Akzeptanz der Bevölkerung zu steigern und damit Hindernisse beim Ausbau der Windenergienutzung zu überwinden. Demnach möchte der Gesetzgeber mit der Abgabepflicht nach § 6 EEG 2023 den Zahlungsverpflichteten nicht von der Anlagenzulassung abhalten. Vielmehr wäre ein erweiterter Ausbau der Windenergienutzung – und damit ein größeres Abgabenaufkommen auf Seiten der Gemeinde – gerade gewünscht.[245] Die Regelungsintention steht damit konträr zur Abgabe ohne Finanzierungszweck, die das Verhalten, an das sie anknüpft, tendenziell unterbinden will (Erdrosselung).[246]

Ebenfalls muss die fremdnützige Finanzierungsabgabe ausscheiden. Bei dieser erfolgt die eingeforderte Zahlung definitionsgemäß vom Abgabenschuldner an einen

---

an die Gesetzgebungskompetenz anknüpft; dagegen zu den UMTS-Lizenzgebühren (Universal Mobile Telecommunications System) BVerfG, Urteil vom 28.03.2002 – 2 BvG 1, 2/01 – BVerfGE 105, 185 (193), welches auf die Verwaltungskompetenz abstellt.

[242] Das BVerfG hat für das ähnlich gelagerte BüGembeteilG MV auf die Kompetenz aus Art. 74 Abs. 1 Nr. 11 GG „Energiewirtschaft" abgestellt (vgl. BVerfG, Beschluss vom 23.03.2022 – 1 BvR 1187/17 – BVerfGE 161, 63 Rn. 66).

[243] Siehe hierzu die obigen Ausführungen unter B. II. 2. b) und c).

[244] Siehe hierzu die bisherige Darstellung unter B. I. 2. b) cc).

[245] Siehe hierzu auch BVerfG, Beschluss vom 23.03.2022 – 1 BvR 1187/17 – BVerfGE 161, 63 Rn. 79.

[246] Vgl. BVerfG, Urteil vom 22.05.1963 – 1 BvR 78/56 – BVerfGE 16, 147 (161); Beschluss vom 17.07.1974 – 1 BvR 51, 160, 285/69, 1 BvL 16, 18, 26/72 – BVerfGE 38, 61 (80 f.); BVerwG, Beschluss vom 19.08.1994 – 8 N 1/93 – BVerwGE 96, 272 (279).

privaten Dritten[247] und nicht – wie im Fall des § 6 EEG 2023 – an Träger öffentlicher Gewalt (Gemeinden). Für eine entsprechende Regelung würde zudem die notwendige und selten anzutreffende[248] Gesetzgebungsbefugnis fehlen.

dd) Steuer

Eine Zahlungspflicht, die in § 6 EEG 2023 eingeführt würde, könnte möglicherweise auch als Steuer zu qualifizieren sein. Eine Steuer ist ihrer Natur nach vorrangig darauf gerichtet, den allgemeinen Finanzbedarf eines Gemeinwesens zu decken.[249] Wie bereits festgestellt, finanzieren Steuern allgemeine Staatsaufgaben;[250] deshalb fließen sie auch in den allgemeinen Haushalt.[251] Dies schließt es nicht aus, Zweckbindungen[252] und Lenkungswirkungen[253] bei der Ausgestaltung von Steuern zu berücksichtigen. Diese Bindungen und Einschränkungen können aber nur Nebenziele bzw. Nebenzwecke der Steuer sein. In Abgrenzung zur Sonderabgabe ist weiter zu beachten, dass bei der Zwecksteuer der Kreis der Abgabepflichtigen nicht auf Personen begrenzt sein darf, die einen wirtschaftlichen Vorteil aus dem öffentlichen Vorhaben ziehen, dem die Steuer dient.[254]

Die obigen Ausführungen hatten bereits verdeutlicht,[255] dass die Einführung einer verbindlichen Zahlungspflicht in § 6 EEG 2023 nicht dazu gedacht wäre, eine allgemeine Finanzierungsfunktion zugunsten der Gemeinden wahrzunehmen. Die Norm ist darauf ausgerichtet, belastete Standortgemeinden mit finanziellen Mitteln auszustatten, um damit akzeptanzfördernde Maßnahmen vor Ort ergreifen zu *können*.[256] Allerdings entschloss sich der Bundesgesetzgeber gerade nicht dazu, diese Zweckbindung gesetzlich zu erzwingen. Ein Verwendungszweck wurde, wie bereits erläutert,[257] bewusst *nicht* vorgegeben. Diese Zurückhaltung respektiert die verfas-

---

[247] Vgl. die obigen Ausführungen unter B. I. 2. b) dd).

[248] Siehe dazu bereits oben unter B. I. 2. b) dd).

[249] BVerfG, Beschluss vom 13.04.2017 – 2 BvL 6/13 – BVerfGE 145, 171 Rn. 100; Urteil vom 18.07.2018 – 1 BvR 1675/16, 745, 836, 981/17 – BVerfGE 149, 222 Rn. 53; Beschluss vom 23.03.2022 – 1 BvR 1187/17 – BVerfGE 161, 63 Rn. 73.

[250] BVerfG, Urteil vom 07.05.1998 – 2 BvR 1991, 2004/95 – BVerfGE 98, 106 (118).

[251] BVerfG, Beschluss vom 11.10.1994 – 2 BvR 633/86 – BVerfGE 91, 186 (201).

[252] BVerfG, Beschluss vom 07.11.1995 – 2 BvR 413/88, 1300/93 – BVerfGE 93, 319 (348); Urteil vom 20.04.2004 – 1 BvR 1748/99, 905/00 – BVerfGE 110, 274 (294); Urteil vom 18.07.2018 – 1 BvR 1675/16, 745, 836, 981/17 – BVerfGE 149, 222 Rn. 53.

[253] BVerfG, Urteil vom 07.05.1998 – 2 BvR 1991, 2004/95 – BVerfGE 98, 106 (117); Urteil vom 20.04.2004 – 1 BvR 1748/99, 905/00 – BVerfGE 110, 274 (292 f.); Beschluss vom 15.01.2014 – 1 BvR 1656/09 – BVerfGE 135, 126 Rn. 47.

[254] BVerfG, Beschluss vom 12.10.1978 – 2 BvR 154/74 – BVerfGE 49, 343 (353 f.); Beschluss vom 06.12.1983 – 2 BvR 1275/79 – BVerfGE 65, 325 (344).

[255] Siehe die obige Darstellung unter C. III. 2. b) aa).

[256] BT-Drs. 19/23482.

[257] Siehe die obige Darstellung unter C. III. 2. b) aa).

sungsrechtlichen Vorgaben des Art. 84 Abs. 1 S. 7 GG, der es dem Bundesgesetzgeber versagt, eine Sonderabgabe zu normieren, die vorsieht, dass Gemeinden als Zahlungsempfänger mit den Einnahmen zweckgebunden umzugehen haben.[258] Diese Offenheit bei der Mittelverwendung entspricht somit der Natur einer Steuer, auf welche die hier untersuchte Veränderung des § 6 EEG 2023 qualitativ zusteuern würde.

Unterstellt man die Steuerqualität eines modifizierten § 6 EEG 2023, gibt es dennoch unüberwindbare verfassungsrechtliche Hürden. Der hier näher untersuchten Einführung einer Zahlungspflicht würde sich Art. 106 GG entgegenstellen. Denn in Art. 106 GG sind als Einnahmequellen von Gemeinden allein Anteile an der Einkommensteuer (Abs. 5) und Anteile an der Umsatzsteuer (Abs. 5a) erwähnt. Gem. Art. 106 Abs. 6 GG steht den Gemeinden zudem die Grundsteuer und die Gewerbesteuer zu; gleiches gilt für das Aufkommen der örtlichen Verbrauch- und Aufwandsteuern. Schließlich haben die Länder zu bestimmen, welchen Anteil an Gemeinschaftssteuern die Gemeinden erhalten (vgl. Art. 106 Abs. 7 GG). Eine in § 6 EEG 2023 angelegte Zahlungspflicht – wollte man sie als Steuer auffassen – würde somit nicht in die Ertragshoheit der Gemeinden fallen.

Da die von Art. 106 GG vorgenommenen Zuweisungen des Steueraufkommens als Teil der Kompetenzverteilung zwischen Bund und Ländern zwingend sind,[259] könnte der Bund nicht eigenmächtig Veränderungen vornehmen. In diesem Sinne verdeutlicht Art. 106 Abs. 9 GG explizit, dass Gemeinden als Teile der Länder zu verstehen sind und deshalb grundsätzlich einem Verbot von unmittelbaren Finanzbeziehungen mit dem Bund unterliegen.[260]

Man kann somit zusammenfassen, dass auch eine Ausgestaltung einer verbindlichen Abgabenpflicht des § 6 EEG 2023 als Steuer finanzverfassungsrechtlichen Restriktionen unterliegt. Insbesondere verbietet Art. 106 GG, Gemeinden als Empfänger einer solchen Steuer einzusetzen.

c) Zwischenergebnis

Die Einführung einer Zahlungspflicht der Anlagenbetreiber in § 6 EEG 2023, welche die finanzielle Beteiligung von Gemeinden steigern soll, ist finanzverfassungsrechtlich nicht zulässig. Sie lässt sich weder als Steuer noch als Sonderabgabe, Abschöpfungsabgabe oder sonstige Abgabe umsetzen.

---

[258] Siehe die obigen Ausführunten unter C. II. 2.
[259] Siehe hierzu bereits die obige Darstellung unter B. II. 2. b) und c).
[260] BT-Drs. 17/1554, S. 5; vgl. auch *Hey*, in: Kahl/Ludwigs, Handbuch des Verwaltungsrechts, Band III, 2022, § 87 Rn. 21 ff.

3. Finanzverfassungsrechtliche Beurteilung bei Entschädigung aller Vorhabenträger

a) Merkmale dieses Modells

Nun soll untersucht werden, ob sich die finanzverfassungsrechtliche Einschätzung ändert, wenn alle zahlungspflichtigen Anlagenbereiter für ihre finanziellen Belastungen einen Ausgleichsanspruch im Sinne des § 6 Abs. 5 EEG 2023 erhalten würden. Der Zahlungsanspruch der Gemeinden wäre dann letztlich beim Anlagenbetreiber belastungsneutral. Rechtstechnisch würde diese Konzeption so umgesetzt, dass nunmehr alle belasteten Anlagenbetreiber entsprechend der aktuellen Regelungssystematik einen Ausgleichsanspruch gegen den Netzbetreiber geltend machen könnten. Letzterer würde seinerseits gem. § 13 Abs. 1 S. 1 Nr. 1 EnFG von den Übertragungsnetzbetreibern eine Erstattung erhalten.[261] Die Übertragungsnetzbetreiber wiederum würden Kostenneutralität erlangen, indem sie bei ihrem Ausgleichsanspruch nach § 6 EnFG die Zahlungen an die Netzbetreiber als Ausgabe gem. Nr. 5.6 der Anlage 1 zum EnFG verbuchen könnten. Bei wirtschaftlicher Betrachtung würde damit ein Geldfluss vom EEG-Konto, welches aus Bundesmitteln gespeist wird, über Übertragungsnetzbetreiber, Netzbetreiber und Anlagenbetreiber zu den Gemeinden entstehen.

b) Rechtliche Beurteilung

Bei der rechtlichen Beurteilung dieses Modells spielt die qualitative Einordnung der Zahlungspflicht an die Gemeinden *nicht* die zentrale Rolle, da bei den Anlagenbetreibern faktisch keine finanzielle Belastung eintritt. Die gegenseitigen Verpflichtungen und Kompensationen der involvierten Akteure dienen letztlich nur dazu, Finanzmittel vom Bundeshaushalt zu den Gemeinden zu leiten.

Die rechtliche Bewertung dieser Zahlungsflüsse hat an Art. 104a Abs. 1 GG zu erfolgen. Letztgenannter verbietet nämlich die Kostenbeteiligung einer Gebietskörperschaft außerhalb ihrer Aufgabenzuständigkeit an einer Aufgabe, die von einer anderen Gebietskörperschaft in alleiniger Verwaltungszuständigkeit wahrgenommen wird.[262]

Art. 104a GG versteht unter Ausgaben alle kassenwirksamen Geldzahlungen an Dritte.[263] Damit sind auch alle Kosten gemeint, die für Maßnahmen der Akzeptanzförderung an Dritte (z.B. Bauunternehmer zur Verschönerung des Stadtbildes) gezahlt werden. Diese Ausgaben erfolgen im vorliegend relevanten Kontext in Wahrnehmung der kommunalen Zuständigkeit, denn nach dem Verständnis des § 6 EEG 2023 werden weder Landes- noch Bundesbehörden aktiv, um die akzeptanz-

---

[261] Zur Vorgängerregelung *Salje*, EEG 2021, 9. Auflage 2021, § 6 Rn. 20.
[262] BVerwG, Beschluss vom 13.06.2022 – 5 B 30/21 – Rn. 9.
[263] *Heun*, in: Dreier, GG, 3. Auflage 2018, Art. 104a Rn. 15.

III. Verpflichtende finanzielle Beteiligung

fördernden Maßnahmen vor Ort durchzuführen. Diese Aufgabe würden bei einer Änderung des EEG 2023 nach der Vorstellung des Bundes die Gemeinden übernehmen, denen der Bund für diese Aufgabenerfüllung die notwendige Finanzausstattung – über den Umweg der Übertragungsnetzbetreiber, Netzbetreiber und Anlagenbetreiber – zur Verfügung stellen würde.

Art. 104a Abs. 1 GG spricht das Gebot aus, dass diejenige Körperschaft, die die Verwaltungskompetenz besitzt, in unserem Fall also die Gemeinde, auch für sich allein („gesondert") die Ausgaben trägt.[264] Insofern hat sich der Ausdruck von einer „Konnexität" von Aufgaben- und Ausgabenverantwortung etabliert.[265] Das Konnexitätsgebot des Art. 104a Abs. 1 GG verbietet eine Fremd- oder Mischfinanzierung derart, dass der Bund Landesaufgaben oder Gemeindeaufgaben (die als Landesaufgaben gelten) finanziert.[266] Zu einer solchen unzulässigen Finanzierung kommt es jedoch in unserem Fall, wenn nach einer Modifikation des § 6 EEG 2023 durch die vollständige Entschädigung zahlungspflichtiger Anlagenbetreiber letztlich Gelder aus dem EEG-Konto in die Finanzhaushalte der Gemeinden fließen würden.

Keine andere Einschätzung würde daraus folgen, dass die Finanzflüsse in der vorliegenden Änderungsvariante durch eine Aneinanderreihung von Zwischenakteuren geprägt sind.[267] Davon abgesehen, dass diese rechtliche Ausgestaltung allein zur Vereinfachung der Verwaltungspraxis führen würde,[268] würde sie nicht die Verbindung zwischen Bund und Gemeinden trennen: Es wäre vielmehr ein theoretischer Einwand und praxisfern, wenn man vortragen würde, dass jeder Akteur in der Finanzkette eine Entschädigung allein aus freien Stücken suchen würde. Maßgeblich wäre, dass im hier untersuchten Modell durch den Bund eine Finanzierungkonstruktion ins Leben gerufen würde, die bei den Gemeinden enden und die durch Bundesmittel abgesichert sein würde. Ob alle Zwischenakteure ihren Ausgleich tatsächlich gegenüber ihrem Bezugspartner einfordern und dies letztlich finanziell dem Bund zu 100 % zur Last fallen würde, ist finanzverfassungsrechtlich unerheblich; die Impulswirkung würde in jedem Fall durch den Bund ausgelöst werden.

Führt man die obigen Ausführungen zusammen,[269] wird deutlich, dass eine vollständige Entschädigung der zahlungspflichtigen Anlagenbetreiber durch ein Kompensationsmodell, an dessen Ende Ausgleichszahlungen des Bundes stehen, verfassungsrechtlich unzulässig wäre. Sie würde zur Durchbrechung des in Art. 104a GG angelegten Konnexitätsprinzips führen.

---

[264] *Kment*, in: Jarass/Pieroth, GG, 2022, Art. 104a Rn. 5.
[265] BVerfG, Beschluss vom 07.07.2020 – 2 BvR 696/12 – BVerfGE 155, 310 Rn. 71.
[266] BVerfG, Beschluss vom 15.07.1969 – 2 BvF 1/64 – BVerfGE 26, 338 (390f.); BVerwG, Urteil vom 17.10.1996 – 3 A 1/95 – BVerwGE 102, 119 (124).
[267] Siehe hierzu auch die obige Darstellung unter A. I. 3. b) bb).
[268] Siehe hierzu auch die obige Darstellung unter A. I. 3. b) bb).
[269] Siehe die Ausführungen in diesem Gliederungsabschnitt.

4. Finanzverfassungsrechtliche Beurteilung bei selektiver Entschädigung

a) Merkmale dieses Modells

Wie aber wäre die Situation finanzverfassungsrechtlich zu bewerten, wenn nicht alle Anlagenbetreiber eine Entschädigung erhalten würden, sondern eine selektive Auswahl zahlungspflichtiger Anlagenbetreiber eingeführt würde? Dabei wird eine Änderung des § 6 EEG 2023 unterstellt, die zu einer Zahlungspflicht auf Seiten aller Anlagenbetreiber führt. Diese Zahlungspflicht wird zudem kombiniert mit einer finanziellen Entschädigung ausgewählter Anlagenbetreiber, die bestimmte zuvor definierte Merkmale erfüllen (z.B. Berechtigung zur Förderung der produzierten Strommenge durch die Mechanismen des EEG). Die Kosten der Entschädigung würden nach diesem Modell – wie jetzt auch nach gültigem Recht – letztlich über das EEG-Konto des Bundes ausgeglichen.[270]

b) Rechtliche Beurteilung

aa) Differenzierung der Zahlungsverpflichteten

Bei der rechtlichen Beurteilung der hier näher zu untersuchenden Variante ist zwischen zwei Personengruppen zu differenzieren: erstens die entschädigten Anlagenbetreiber und zweitens die Anlagenbetreiber ohne Entschädigung. Hinsichtlich der letztgenannten Gruppe haben wir es mit einem Mechanismus zu tun, der bereits rechtlich beurteilt wurde. Es handelt sich um eine verbindliche Zahlungspflicht ohne jede Entschädigungsregelung. Diese scheitert an finanzverfassungsrechtlichen Vorgaben.[271]

bb) Möglicher Verstoß gegen Art. 104a GG

Hinsichtlich derjenigen Gruppe, die nach ausgewählten Merkmalen eine Entschädigung erhält, könnte man die nähere Analyse abkürzen und direkt auf die bereits genannten Vorbehalte verweisen, die eine direkte Finanzierung kommunaler Aufgaben durch den Bund gem. Art. 104a GG verbieten.[272]

Allerdings ließe sich auch – rechtlich entlastend – in Erwägung ziehen, in der ausgewählten Entschädigung eine nach politischen Erwägungen ausgestaltete staatliche Leistungsbeziehung *allein* zu bestimmten Anlagenbetreibern zu erblicken, die dann ihrerseits an die Standortgemeinden eine Zahlung vornehmen.[273] Das willentliche Element der Anlagenbetreiber, die sich für die Einhaltung bestimmter Fördermerkmale entscheiden oder die Beachtung ablehnen, würde dann den un-

---

[270] Siehe dazu bereits die obigen Ausführungen unter A. I. 3. b) bb).
[271] Siehe die obige Darstellung unter C. III. 2.
[272] Siehe hierzu die obigen Ausführungen unter C. III. 3. b).
[273] Siehe zu diesem Gedanken auch *Weidinger*, ZNER 2021, 335 (340).

mittelbaren Geldfluss vom Bund zu den Gemeinden unterbrechen. Das Finanzgeflecht bestände – auch bei wirtschaftlicher Betrachtung – in einem Dreiecksverhältnis, bei dem kein Automatismus existieren würde, sondern frei agierende Personen.

Die vordergründig (möglicherweise) tragfähig erscheinende Begründung fällt allerdings bei genauerer Betrachtung in sich zusammen: Dies liegt daran, dass die Zahlungsverpflichtung der nicht ausgleichsberechtigten Anlagenbetreiber verfassungsrechtlich unzulässig ist.[274] Damit entfällt automatisch die scheinbare „Wahlmöglichkeit" der Anlagenbetreiber, die versuchen könnten, Förderbedingungen zu erfüllen. Es bliebe nämlich nur eine Gruppe zahlungspflichtiger Anlagenbetreiber übrig, die eine vollständige Kompensation erhalten würden.

Würden somit nur förderberechtigte Anlagenbetreiber zu einer Geldzahlung verpflichtet, die vollständig aus Bundesmitteln (über Zwischenkontakte) ausgeglichen würde, hätte die hier als Ausgangspunkt gewählte Änderungsvariante des § 6 EEG 2023 letztlich die Gestalt einer verbindlichen Zahlungspflicht mit vollständiger Bundesmittelkompensation angenommen. Diese Art der rechtlichen Ausgestaltung ist bei einer Zahlungspflicht aller Anlagenbetreiber mit anschließender Kompensation ebenso wegen eines Verstoßes gegen Art. 104a GG unzulässig, wie bei der (personell verengten) Zahlungspflicht von lediglich förderfähigen Anlagenbetreibern. Einziger, unbedeutender Unterschied zur Gestaltungsvariante einer Zahlungspflicht aller Anlagenbetreiber mit umfassendem finanziellem Ausgleich wäre die verringerte Höhe der mittelbaren Geldübertragung vom Bund an die – allein für die Finanzierung ihrer Aufgaben zuständigen – Kommunen.

Folglich wäre diese Ausgestaltungsalternative einer Änderung des § 6 EEG 2023 ebenfalls finanzverfassungsrechtlich unzulässig.

5. Finanzverfassungsrechtliche Beurteilung bei selektiver Entschädigung einer selektiv belasteten Gruppe

a) Merkmale dieses Modells

Ein weiterer Betrachtungsgegenstand könnte eine Änderung des § 6 EEG 2023 sein, die zu einer Zahlungspflicht nur bestimmter Anlagenbetreiber führen würde, die auch als einzige eine bundesrechtliche Entschädigung erfahren würden.

b) Rechtliche Beurteilung

Diese Variante wurde letztlich schon rechtlich beurteilt; sie ergab sich bereits bei der Betrachtung einer Zahlungspflicht aller Anlagenbetreiber mit ausgewählter

---

[274] Siehe hierzu die obigen Ausführungen unter C. III. 4. b) aa).

Rückerstattung.[275] Dieses Modell würde zu einer unzulässigen Finanzmittelverschiebung vom Bund zu den Kommunen (Ländern) führen, die mit Art. 104a GG nicht vereinbar wäre.[276]

IV. Einführung eines gesellschaftsrechtlichen Beteiligungsmodells

Eine Beteiligung von Gemeinden an den wirtschaftlichen Erfolgen der Windenergienutzung kann nicht nur dadurch erfolgen, dass die Anlagenbetreiber dazu verpflichtet werden, Abgaben zu zahlen. Denkbar ist es auch, den Anlagenbetreibern aufzugeben, Gesellschaftsanteile an die Standortgemeinden zu übertragen.

Diesen Weg hat das Land Mecklenburg-Vorpommern eingeschlagen und gem. § 3 BüGembeteilG MV vorgeschrieben, dass Windenergieanlagen nur durch eine „Projektgesellschaft" errichtet und betrieben werden dürfen. Von dieser Projektgesellschaft, deren Tätigkeitsfeld auf die Gewinnung von Windenergie begrenzt wird, muss der Vorhabenträger gem. § 4 Abs. 1 S. 1 BüGembeteilG MV einen bestimmten Mindestanteil festgeschriebenen Kaufberechtigten zum Erwerb anbieten. Dieses Modell, mit seinen bereits dargelegten, weiteren Ausprägungen,[277] soll hier Pate stehen und eine rechtliche Beurteilung eines bundesrechtlich eingeführten gesellschaftsrechtlichen Beteiligungsmodells erleichtern.

Das Beteiligungsmodell wird in verschiedenen Varianten untersucht. Dabei geht es im Wesentlichen um die Frage der Entschädigung der belasteten Anlagenbetreiber. Aussagen zur bestehenden Rechtslage werden damit nicht getroffen.

1. Finanzverfassungsrechtliche Beurteilung bei ausbleibender Entschädigung

a) Merkmale dieses Modells

In der ersten Variante des gesellschaftsrechtlichen Beteiligungsmodells sollen die belasteten Anlagenbetreiber *keine* finanzielle Entschädigung für die zum Kauf angebotenen Anteile an der Windenergieanlagengesellschaft erhalten.

b) Rechtliche Beurteilung

aa) Pflicht zur Angebotsunterbreitung

Die rechtliche Bewertung der Angebotspflicht zur Übertragung von Gesellschaftsanteilen an den Windenergieanlagen ist *nicht* finanzverfassungsrechtlich zu

---

[275] Siehe die obigen Ausführungen unter C. III. 4.
[276] Siehe hierzu die obige Darstellung unter C. III. 4. b) bb).
[277] Siehe hierzu die obigen Ausführungen unter A. II. 1.

IV. Einführung eines gesellschaftsrechtlichen Beteiligungsmodells 63

beurteilen, da keine Zahlungspflicht, sondern eine *Handlungspflicht* auslöst wird. Insofern greifen die Art. 104a ff. GG nicht ein.

Das BVerfG hat die Pflicht zur Unterbreitung eines Kaufangebots bereits verfassungsrechtlich beurteilt und keine grundrechtlichen Verstöße festgestellt.[278] Die Einführung einer solchen Verpflichtung diene dem Klimaschutz; dies sei insbesondere durch die Staatszielbestimmung des Art. 20a GG gedeckt.[279] Diese höchstgerichtliche Feststellung gilt ausdrücklich auch für den Fall, in dem den betroffenen Vorhabenträgern keine Option zur Abwendung der gesellschaftsrechtlichen Folgen durch eine Ausgleichszahlung zur Verfügung stand.[280]

bb) Ausgleichszahlung

Das Ausgangsmodell, bei dem Gesellschaftsanteile zum Kauf angeboten werden müssen,[281] kann um weitere Elemente ergänzt werden. Würde etwa die oben beschriebene Pflicht zur Unterbreitung eines Kaufangebots um die Möglichkeit einer Ausgleichszahlung ergänzt, die – in Anlehnung an § 10 Abs. 5, § 11 BüGembeteilG MV – anstatt des Angebots geleistet werden könnte,[282] würde sich die Frage der Verfassungsmäßigkeit aus einem anderen Blickwinkel stellen.

Bei der rechtlichen Beurteilung ist zwischen dem Kaufangebot und der Ausgleichszahlung, die anstelle des Kaufangebots gezahlt wird, zu unterscheiden: Das Kaufangebot, welches sich auf den Erwerb von Gesellschaftsanteilen bezieht, ist verfassungsrechtlich darstellbar; dies wurde bereits dargelegt.[283]

Demgegenüber lassen sich verfassungsrechtliche Vorbehalte gegenüber einer Ausgleichszahlung nicht überwinden. Die Ausgleichszahlung bleibt eine verfassungsrechtlich unzulässige Abgabe, auch wenn sie rechtlich als Option ausgestaltet ist. Das BVerfG hat in seinem Beschluss vom 23.03.2022 dargelegt, dass sich die Qualität einer Abgabenlast nicht dadurch ändert, dass es in der Hand des Zahlungspflichtigen liegt, auf eigene Veranlassung statt eines Kaufangebots eine Geldzahlung anzubieten.[284] Die Belastungswirkung bleibt auch bei der Optionsvariante unverändert erhalten. Als Abgabe unterliegt die Zahlungspflicht aber den bereits näher ausgeführten Vorbehalten, die für alle Zahlungspflichten gelten.[285] Sie wird sich daher nicht verfassungskonform durch Bundesrecht ausgestalten lassen.

---

[278] Siehe hierzu ausführlich die obigen Ausführungen unter A. II. 2. b) dd).
[279] BVerfG, Beschluss vom 23.03.2022 – 1 BvR 1187/17 – BVerfGE 161, 63 Rn. 103 f.
[280] BVerfG, Beschluss vom 23.03.2022 – 1 BvR 1187/17 – BVerfGE 161, 63 Rn. 127 ff., 153.
[281] Siehe hierzu C. IV. 1. a).
[282] Dies entspricht dem BüGembeteilG MV. Siehe dazu B. IV. 1. b).
[283] Siehe die obigen Ausführungen unter C. IV. 1. b) aa).
[284] BVerfG, Beschluss vom 23.03.2022 – 1 BvR 1187/17 – BVerfGE 161, 63 Rn. 79.
[285] Siehe hierzu die obige Darstellung unter C. III.

2. Finanzverfassungsrechtliche Beurteilung bei Entschädigung aller Vorhabenträger

a) Merkmale dieses Modells

Diesem Modell liegt die Überlegung zugrunde, dass die Unterbreitung eines Kaufangebots bzgl. eines Gesellschaftsanteils neben gesellschaftsrechtlich-organisatorischen Belastungen auch finanzielle Nachteile auslöst, auch wenn der Verkäufer für die übertragenen Gesellschaftsanteile vom Käufer einen Kaufpreis erhält. Für diesen Fall soll erwogen werden, ob der Anlagenbetreiber einen finanziellen Entschädigungsanspruch gegen den Bund bzw. den Netzbetreiber erhalten könnte, der im Endeffekt durch das EEG-Konto abgedeckt würde. Die Untersuchung nimmt einen Ausgleichsanspruch, den der Anlagenbetreiber den Standortgemeinden statt des Gesellschaftsanteils anbieten kann, aus den o. g. Gründen[286] nicht mehr in den Blick.

b) Rechtliche Beurteilung

Die rechtliche Zulässigkeit eines Entschädigungsanspruchs zugunsten des Anlagenbetreibers ist an den Vorgaben des Art. 104a GG zu messen. Der (verfassungsrechtlich nicht erforderliche)[287] Mittelzufluss an den Anlagenbetreiber schlägt im Fall angebotener Gesellschaftsbeteiligungen nicht auf die Finanzebene der Gemeinden durch. Die Standortgemeinden erlangen nämlich keinen finanziellen Ausgleich durch den Bund, sondern kaufen ausschließlich gesellschaftsrechtliche Beteiligungen an Windenergieanlagen von einer Privatperson. Dies ist mit Blick auf Art. 104a GG unbedenklich. Die Entschädigung des privaten Anlagenbetreibers dient somit ausschließlich der Abfederung *privater* Lasten. Da sich die empfangsberechtigten Anlagenbetreiber den für Ihre Gesellschaftsanteile erhaltenen Kaufpreis anrechnen lassen müssen, dürfte der Entschädigungsanspruch vergleichsweise gering ausfallen.

3. Finanzverfassungsrechtliche Beurteilung bei selektiver Entschädigung

a) Merkmale dieses Modells

Diese hier näher zu beurteilende Variante knüpft unmittelbar an das zuvor behandelte Modell an.[288] Im Gegensatz zum vorherigen Betrachtungsgegenstand werden aber nicht alle Anlagenbetreiber für die Unterbreitung ihres Kaufangebots entschädigt, sondern nur einige bestimmte Anlagebetreiber, die zuvor definierte Kriterien erfüllen.

---

[286] Siehe hierzu die obigen Ausführungen unter C. IV. 1. b) bb).
[287] Siehe hierzu bereits die obige Darstellung unter C. IV. 1. b) aa).
[288] Siehe hierzu die obigen Ausführungen unter C. IV. 2.

b) Rechtliche Beurteilung

Die Verengung der rechtlichen Entschädigung auf bestimmte Anlagenbetreiber ist finanzverfassungsrechtlich nicht zu beanstanden. Es sollte allerdings mit Blick auf Art. 3 Abs. 1 GG darauf geachtet werden, sachlich tragfähige Differenzierungskriterien bei der Auswahl der Entschädigungsberechtigten festzulegen.[289] Willkürliche Begünstigungen einer bestimmten Gruppe sind somit nicht möglich.

---

[289] Siehe zu den zulässigen Differenzierungskriterien *Wollenschläger*, in: von Mangoldt/Klein/Starck, GG, 7. Auflage 2018, Art. 3 Rn. 84 ff.

D. Landesrechtliche Regelungskonzepte

Die nachfolgenden Ausführungen verlassen die Bundesebene und befassen sich mit der Bewertung von Abgabepflichten der Anlagenbetreiber aus der landesrechtlichen Perspektive. Es ist somit bei der nachfolgenden Untersuchung zu unterstellen, dass der Landesgesetzgeber konkrete Verpflichtungen zur Zahlung von Abgaben an die Standortgemeinde anordnet.

I. Vorgaben zur Zweckverwendung

In einem ersten Schritt soll rechtlich bewertet werden, ob es dem Landesgesetzgeber möglich ist, die Verwendung vereinnahmter Gelder vorzuschreiben. Eine solche Zweckverwendung war auf Seiten des Bundes an der Anordnung des Art. 84 Abs. 1 S. 7 GG gescheitert.[290]

Derartige verfassungsrechtliche Hindernisse bestehen für den Landesgesetzgeber nicht. Vielmehr dient Art. 84 Abs. 1 S. 7 GG gerade dem Schutz des Landesgesetzgebers, damit dieser die Aufgabenverteilung zwischen Land und Kommunen ohne den Außeneinfluss des Bundes normieren kann.[291] Vor diesem Hintergrund darf man die Festlegung von Zwecken einer Mittelverwendung durch die Gemeinden als rechtlich unbedenklich bewerten, wenn die Vorgaben allein durch Landesrecht erfolgen.

Dieser Befund wird auch durch den Beschluss des BVerfG zum BüGembeteilG MV gestützt. Dort hat das BVerfG die Zweckfestlegungen, die das Land Mecklenburg-Vorpommern hinsichtlich vereinnahmter Finanzmittel vorgeschrieben hatte, rechtlich nicht moniert.[292]

---

[290] Siehe hierzu die obige Darstellung unter C. II. 2.

[291] Siehe hierzu *Trute*, in: von Mangoldt/Klein/Starck, GG, 7. Auflage 2018, Art. 84 Rn. 57; *Hermes*, in: Dreier, GG, 3. Auflage 2018, Art. 84 Rn. 72.

[292] BVerfG, Beschluss vom 23.03.2022 – 1 BvR 1187/17 – BVerfGE 161, 63 Rn. 76.

II. Verbindliche finanzielle Beteiligung

1. Finanzverfassungsrechtliche Beurteilung bei ausbleibender Entschädigung

a) Merkmale dieses Modells

Die weitere rechtliche Untersuchung unterstellt, dass ein Landesgesetzgeber verbindlich eine Abgabepflicht des Anlagenbetreibers zugunsten der Standortgemeinden vorsieht. Im Gegensatz zur Normierung im BüGembeteilG MV ist dies aber eine originäre Zahlungspflicht, die nicht als Ausgleichsabgabe für eine gesellschaftsrechtliche Beteiligung ausgestaltet ist. Eine Erstattung der Abgaben erhält der Anlagenbetreiber nach diesem Modell nicht.

b) Finanzverfassungsrechtliche Beurteilung

Die finanzverfassungsrechtliche Beurteilung einer solchen landesrechtlichen Abgabepflicht profitiert von den bisherigen Ausführungen einer entsprechenden bundesrechtlichen Vorschrift.[293] Daneben erklärt sie, welche *zusätzlichen* rechtlichen Gestaltungsmöglichkeiten der Landesgesetzgeber im Verhältnis zum Bund genießt. Es wird weiter unterstellt, dass sich der Landesgesetzgeber dazu entschließen würde, eine Zweckbindung für die Verwendung der vereinnahmten Finanzmittel vorzusehen. Diese kann er – im Gegensatz zum Bund – in rechtlich zulässiger Weise von den Gemeinden einfordern.[294]

aa) Nicht-steuerliche Abgabe

Auf Basis dieser Grundannahmen liegt es nahe, die Zahlungspflicht der Anlagenbetreiber als nicht-steuerliche Abgabe zu qualifizieren. Entgegen einer Steuerbelastung sollen die vereinnahmten Finanzmittel bei einer Zweckbestimmung gerade nicht in den allgemeinen Finanzhaushalt fließen, sondern dem gesetzlich definierten Zweck entsprechend Verwendung finden.[295]

bb) Zur möglichen Sonderabgabe

Überdies drängt es sich auf, im Konkreten an eine Sonderabgabe zu denken. Denn entgegen der allgemeinen Vorbehalte, die bei der bundesrechtlichen Analyse gegen die Sonderabgabe und gegen die Vorteilsabschöpfung sprachen,[296] ist der Landes-

---

[293] Siehe hierzu die obigen Ausführungen unter C. III.
[294] Siehe hierzu die bisherige Darstellung unter D. I.
[295] So auch BVerfG, Beschluss vom 23.03.2022 – 1 BvR 1187/17 – BVerfGE 161, 63 Rn. 77.
[296] Siehe die obige Darstellung unter C. III. 2.

gesetzgeber nicht durch Art. 84 Abs. 1 S. 7 GG gebunden und kann die auf Bundesebene unzulässige Zweckbestimmung einführen, welche der bundesrechtlichen Sonderabgabe fehlte.

Allerdings ist die zweckgerichtete Verwendung der vereinnahmten Finanzmittel nicht die einzige Voraussetzung für eine finanzverfassungsrechtlich zulässige Sonderabgabe. Denn diese zeichnet sich zusätzlich dadurch aus, dass die Abgabenerträge zielgerichtet eingesetzt werden, um *zugunsten der belasteten Gruppe* verwendet zu werden. Diese gruppennützige Verwendung schafft bei der Sonderabgabe eine sachliche Verknüpfung zwischen der von der Sonderabgabe bewirkten Belastung und der mit ihr finanzierten Begünstigung.[297]

Im Kontext der Abgabenpflicht für Anlagenbetreiber ist in Zweifel gezogen worden, ob eine Verantwortung von Anlagenbetreibern für die Akzeptanzförderung von Windenergieanlagen besteht.[298] Nach Ansicht der Kritiker muss der Anlagenbetreiber lediglich für das Erfüllen der Genehmigungsvoraussetzungen des § 6 BImSchG sorgen, nicht aber für die Akzeptanz der Projektverwirklichung im Umfeld.[299] Akzeptanzförderung sei also allein eine gesamtgesellschaftliche Aufgabe,[300] die man den Anlagenbetreibern nicht zurechnen könne. Sie könnten folglich auch keinen Vorteil aus der Verwendung der Finanzmittel zum Zweck der Akzeptanzförderung ziehen. Die geäußerte Kritik wird man in ihrem Ausgangspunkt anerkennen müssen. Selbst das BVerfG merkt in seinem Beschluss vom 23.03.2023 an, dass die Anlagenbetreiber *keine öffentliche Handlungs- oder Unterlassungspflicht* träfen, welche sie nicht erfüllten.[301]

Andererseits darf man auch nicht übersehen, dass neben dem Allgemeininteresse an einer Akzeptanzförderung sehr wohl auch Anlagenbetreiber von dieser Akzeptanzförderung *profitieren*. Eine Anwohnerschaft, die der Realisierung von Windenergieanlagen aufgeschlossen gegenübersteht, birgt z. B. ein geringeres Risiko der (verwaltungsgerichtlichen) Streitbereitschaft.[302] So sieht es ebenfalls das BVerfG.

---

[297] BVerfG, Beschluss vom 12.05.2009 – 2 BvR 743/01 – BVerfGE 123, 132 (142); Beschluss vom 24.11.2009 – 2 BvR 1387/04 – BVerfGE 124, 348 (366); Urteil vom 28.01.2014 – 2 BvR 1561, 1562, 1563, 1564/12 – BVerfGE 135, 155 Rn. 121 ff.; Beschluss vom 06.05.2014 – 2 BvR 1139, 1140, 1141/12 – BVerfGE 136, 194 Rn. 116; *Jochum*, StuW 2006, 134 (139); *Kirchhof*, in: Isensee/Kirchhof, Handbuch des Staatsrechts, Band V, 3. Auflage 2007, § 119 Rn. 84 f.

[298] *Rheinschmitt*, ZUR 2022, 532 (538).

[299] *IÖW/IKEM/BBH/BBHC*, Finanzielle Beteiligung von betroffenen Kommunen bei Planung, Bau und Betrieb von erneuerbaren Energien, 2020, S. 88 f.; *Kahl/Wegner*, Kommunale Teilhabe an der lokalen Wertschöpfung der Windenergie, 2018, S. 7 f.

[300] *IÖW/IKEM/BBH/BBHC*, Finanzielle Beteiligung von betroffenen Kommunen bei Planung, Bau und Betrieb von erneuerbaren Energien, 2020, S. 88 f.; *Kahl/Wegner*, Kommunale Teilhabe an der lokalen Wertschöpfung der Windenergie, 2018, S. 7 f.

[301] BVerfG, Beschluss vom 23.03.2022 – 1 BvR 1187/17 – BVerfGE 161, 63 Rn. 78 f.

[302] Siehe hierzu auch die obigen Ausführungen zur Akzeptanz in der Bevölkerung unter A. I. 2.

II. Verbindliche finanzielle Beteiligung

Neben der Darlegung des Gemeinwohlziels der Akzeptanzförderung stellt es deshalb fest:[303]

„Denn das gesetzliche Ziel, die Akzeptanz zu verbessern, um so eine Voraussetzung für die verstärkte Nutzung der Windenergie an Land zu schaffen, deckt sich mit dem *Gesamtinteresse der Branche der Anlagenbetreiber* an einer Ausweitung geeigneter Flächen, die für die Nutzung zur Erzeugung von Windenergie zur Verfügung stehen."

Führt man alle Gedankenstränge zusammen, wird nicht ganz deutlich, ob die Abgabenpflicht des Anlagenbetreibers im Fall einer landesrechtlichen Ausgestaltung tatsächlich als Sonderabgabe qualifiziert werden kann. Die Ausführungen des BVerfG sind insofern nicht hinreichend deutlich; sie führen sogar eher von dieser Einordnung weg.[304] Allerdings lehnt das BVerfG die Einordnung der Akzeptanz-Abgabe in andere gängige Typen der nicht-steuerlichen Abgaben ebenfalls ab. So schloss das Gericht auch nicht-steuerliche Abgaben mit Anreiz- oder Ausgleichsfunktion aus.[305]

Was dem Betrachter bleibt, ist daher ein eher diffuses Bild bei der Einordnung der nicht-steuerlichen Abgabe im Fall der Akzeptanz-Abgabe. Dieser Befund ist letztlich gleichwohl nicht so erstaunlich, wie es auf den ersten Blick scheint, denn das Grundgesetz kennt „keinen abschließenden Kanon zulässiger Abgabetypen."[306]

Ob das BVerfG bereit ist, einer landesrechtlich eingeführten, primären Abgabepflicht den finanzverfassungsrechtlichen Segen zu erteilen, kann somit aktuell nicht abschließend beurteilt werden. Die finanzverfassungsrechtlichen Risiken sind in jedem Fall nicht zu übersehen.

cc) Sonstiges Finanzverfassungsrecht

Bei der Analyse der bundesrechtlichen Gestaltungsmöglichkeiten waren immer wieder Konflikte zu Art. 104a GG und Art. 106 GG aufgetreten.[307] Derartige Konflikte sind bei einer landesrechtlichen Abgabenpflicht allerdings nicht zu erwarten. Die Ertragskompetenz bei der nicht-steuerlichen Abgabe liegt in jedem Fall bei dem normierenden Land. Dieses ist auch befugt, die Zahlung an die Gemeinden anzuordnen und damit einen Finanzfluss zu den Kommunen zu bewirken.[308] Gem.

---

[303] BVerfG, Beschluss vom 23.03.2022 – 1 BvR 1187/17 – BVerfGE 161, 63 Rn. 155. Hervorhebung nicht im Original.

[304] Vgl. BVerfG, Beschluss vom 23.03.2022 – 1 BvR 1187/17 – BVerfGE 161, 63 Rn. 78.

[305] BVerfG, Beschluss vom 23.03.2022 – 1 BvR 1187/17 – BVerfGE 161, 63 Rn. 79.

[306] BVerfG, Beschluss vom 12.05.2009 – 2 BvR 743/01 – BVerfGE 123, 132 (141); Beschluss vom 25.06.2014 – 1 BvR 668, 2104/10 – BVerfGE 137, 1 Rn. 42; Urteil vom 18.07.2018 – 1 BvR 1675/16, 745, 836, 981/17 – BVerfGE 149, 222 Rn. 54.

[307] Siehe die obigen Ausführungen unter C. III.

[308] Siehe auch *IÖW/IKEM/BBH/BBHC*, Finanzielle Beteiligung von betroffenen Kommunen bei Planung, Bau und Betrieb von erneuerbaren Energien, 2020, S. 150f.

Art. 106 Abs. 9 GG werden Gemeinden (jedenfalls im steuerlichen Kontext) ohnehin den Ländern zugerechnet.

Gleiches gilt im Kontext des Art. 104a GG: Diese Regelung trennt die Finanzierungs- und Aufgabenverantwortung zwischen Bund und Ländern, verbietet aber nicht ein Zusammenwirken im Verhältnis eines Landes zu seinen Gemeinden, denn die Kommunen sind staatsorganisatorisch in die Länder eingegliedert.[309]

> „Dem entspricht die für die Finanzverfassung grundlegende Lastenverteilungsregel des Art. 104a Abs. 1 GG. Sie stellt für die Ausgabenlast und ihre Konnexität mit der Aufgabenverantwortung allein Bund und Länder einander gegenüber und behandelt die Kommunen – unbeschadet der ihnen verfassungsrechtlich gewährleisteten Autonomie – als Glieder des betreffenden Landes; ihre Aufgaben und Ausgaben werden denen des Landes zugerechnet […]," so das BVerfG.[310]

c) Beachtung von Grundrechten

Das BVerfG hat in seinem Beschluss zum BüGembeteilG MV hinreichend ausgeführt, dass eine nicht-steuerliche Abgabe der Anlagenbetreiber keinen Verstoß gegen Grundrechte darstellt.[311] Maßgeblich ist, dass die Abgabe dem Klimaschutz und dem Schutz der Grundrechte vor den Gefahren des Klimawandels dient.[312]

d) Sachkompetenz des Landesgesetzgebers

Eine landesrechtliche Regelung in der hier untersuchten Form muss nicht nur den finanzverfassungsrechtlichen Vorgaben entsprechen, sondern auch von einer Sachkompetenz nach Art. 70 ff. GG gestützt werden. Insofern könnte problematisch sein, dass der Bundesgesetzgeber mit dem existierenden § 6 EEG 2023 bereits eine Regelung zu einer originären Zahlungsoption des Anlagenbetreibers trifft, die auf Art. 72 i. V. m. Art. 74 Abs. 1 Nr. 11 GG („Energiewirtschaft") gestützt ist[313] und die dann bei dem hier untersuchten Modell um eine landesrechtliche Zahlungspflicht ergänzt würde. Die landesrechtliche Pflicht könnte einen Widerspruch zur bundesrechtlichen Option (Freiwilligkeit) darstellen und deshalb gem. Art. 72 Abs. 1 GG unzulässig sein, solange und soweit der Bund im Bereich der Energiewirtschaft schon seine Gesetzgebungszuständigkeit gebraucht hat.[314]

---

[309] *Heintzen*, in: von Münch/Kunig, GG, 7. Auflage 2021, Art. 104a Rn. 6, 26; *Hellermann*, in: von Mangoldt/Klein/Starck, GG, 7. Auflage 2018, Art. 104a Rn. 59.

[310] BVerfG, Urteil vom 27.05.1992 – 2 BvF 1, 2/88, 1/89, 1/90 – BVerfGE 86, 148 (215); *Korioth*, NVwZ 2005, 503 (506); *Siekmann*, in: Sachs, GG, 9. Auflage 2021, Art. 104a Rn. 15.

[311] Siehe auch *Stäsche*, EnWZ 2022, 435 (443).

[312] BVerfG, Beschluss vom 23.03.2022 – 1 BvR 1187/17 – BVerfGE 161, 63 Rn. 98 ff.

[313] BVerfG, Beschluss vom 23.03.2022 – 1 BvR 1187/17 – BVerfGE 161, 63 Rn. 66.

[314] BVerfG, Beschluss vom 09.10.1984 – 2 BvL 10/82 – BVerfGE 67, 299 (324); Beschluss vom 14.01.2015 – 1 BvR 931/12 – BVerfGE 138, 261 Rn. 43.

II. Verbindliche finanzielle Beteiligung

Zum Vergleich: Das BVerfG konnte die landesrechtliche Regelung im BüGembeteilG MV deshalb mit guten Gründen als zulässige Ergänzung zum Bundesrecht verstehen, da sie vorrangig eine gesellschaftsrechtliche Beteiligungspflicht vorsieht, die – quasi als Ablösungszahlung – eine nachrangige „Ausgleichszahlung" einführt, welche *an die Stelle* des gesellschaftsrechtlichen Beteiligungsmodells tritt. Die optionale Zahlungspflicht (Bund) auf der einen und die „Ausgleichszahlung" (Land) auf der anderen Seite standen sich folglich nicht unmittelbar gegenüber.

Ferner half dem BVerfG, dass in § 22b Abs. 6 EEG 2023 eine Öffnungsklausel ruht, die ausdrücklich landesrechtliche „weitergehende Bestimmungen zur Bürgerbeteiligung und zur Steigerung der Akzeptanz für den Bau von neuen Anlagen" zulässt.[315]

Etwas anders liegt es in der hier relevanten Prüfvariante, denn bei ihr wird einer freiwilligen bundesrechtlichen Zahlungsmöglichkeit unmittelbar eine landesrechtliche Zahlungspflicht beigefügt. Damit erübrigt sich die bundesrechtliche Normierung; sie wird in der Sache obsolet. Anders gewendet: Der in der Entscheidung des BVerfG anzutreffende qualitative Unterschied zwischen Bundes- und Landesrecht würde aufgehoben, wenn durch eine originäre landesrechtliche Abgaben*pflicht* die bundesrechtliche *Option* zur Zahlung an die Standortgemeinden faktisch ausgehebelt würde.

Deshalb geht das BVerfG in seiner Entscheidung zum BüGembeteilG MV wohl zu weit, wenn es feststellt:[316]

„Das bundesgesetzliche Modell einer Verbesserung der Akzeptanz für neue Windenergieanlagen unterscheidet sich zwar vor allem dadurch vom Regelungsmodell des Bürger- und Gemeindenbeteiligungsgesetzes, dass es auf eine durch freiwillige Zahlungen der Anlagenbetreiber bewirkte Teilhabe der Standortgemeinden an der vor Ort durch die Windenergie erzeugten Wertschöpfung setzt, die zudem gemäß § 6 Abs. 5 EEG 2021 letztlich über den Netzbetreiber und die EEG-Umlage auf den Verbraucher überwälzt werden kann […]. Gleichwohl haben diese bundesgesetzlichen Regelungen keine Sperrwirkung gegenüber landesgesetzlichen Regelungen ausgelöst, die Anlagenbetreiber zu einer Teilhabe Dritter an einer eigens zu gründenden Projektgesellschaft verpflichten, *insbesondere auch nicht gegenüber einer Pflicht zur Zahlung einer Abgabe an die Gemeinde.* Denn der Vorbehalt des § 36g Abs. 5 EEG 2021 zugunsten der Landesgesetzgebung wurde aufrechterhalten. Danach sind die Länder nach wie vor befugt, weitergehende Regelungen zur Bürgerbeteiligung und zur Steigerung der Akzeptanz für den Bau von neuen Anlagen in Kraft zu setzen."

Das BVerfG kann wohl so verstanden werden, dass es eine originäre landesrechtliche Zahlungspflicht als zulässig erachtet und darin keinen Verstoß gegen Art. 72 Abs. 1 GG erblickt. In der Sache dürften aber Vorbehalte angebracht sein. Sollte der Bundesgesetzgeber die Einführung der hier näher untersuchten originären

---

[315] BVerfG, Beschluss vom 23.03.2022 – 1 BvR 1187/17 – BVerfGE 161, 63 Rn. 95.
[316] BVerfG, Beschluss vom 23.03.2022 – 1 BvR 1187/17 – BVerfGE 161, 63 Rn. 95. Hervorhebung nicht im Original.

landesgesetzlichen Zahlungspflicht (ohne Erstattung aus dem Bundeshaushalt[317]) unterstützen wollen, wäre er deshalb gut beraten, dem Landesgesetzgeber in § 6 EEG 2023 ausdrücklich das Recht zur Einführung einer verpflichtenden Abgabe einzuräumen, um ein Restrisiko und rechtliche Unstimmigkeiten zu vermeiden.

2. Finanzverfassungsrechtliche Beurteilung bei Entschädigung aus Landesmitteln

Der Landesgesetzgeber ist nicht verpflichtet, abgabenpflichtigen Anlagenbetreibern einen finanziellen Ausgleich aus Landesmitteln zuteilwerden zu lassen. Dies haben die obigen Ausführungen bereits herausgearbeitet.[318] Sollte der Landesgesetzgeber gleichwohl zu einer Entschädigung, möglicherweise auch unter bestimmten Bedingungen bzw. für bestimmte Gruppen von Anlagenbetreibern entschließen, bestehen diesbezüglich keine Bedenken. Die bisherigen Ausführungen haben gezeigt, dass die Kommunen den Ländern gleichgestellt sind und ein möglicherweise geschaffener Mittelfluss von den Ländern zu den Gemeinden finanzverfassungsrechtlich unproblematisch ist.[319]

---

[317] Siehe zu einem Ausgleich aus Bundesmitteln die Ausführungen unter E.
[318] Siehe die bisherigen Ausführungen unter D. II. 1. c).
[319] Siehe dazu die obigen Ausführungen unter D. II. 1. b) cc).

E. Kombination von Bundes- und Landesrecht

I. Ausgestaltungsmerkmale

In einem letzten Schritt soll untersucht werden, welche rechtliche Beurteilung eine normative „Mischkonstruktion" von Bundes- und Landesrecht nach sich ziehen würde. Bei dieser Variante wird unterstellt, dass auf Bundesebene im Rahmen des existierenden § 6 EEG 2023 eine bundesrechtliche Ermächtigung der Länder vorgesehen wird, die aktuell bestehende Zuwendungsoption abzuändern und statt ihrer eine Zahlungspflicht einzuführen. Der Ausgleichsanspruch aus Bundesmitteln[320] würde in dieser Variante ebenfalls erhalten.

II. Finanzverfassungsrechtliche Beurteilung

Nachfolgend ist zunächst zu klären, welche rechtliche Qualität einer bundesrechtlichen Regelung zukommt, die den begünstigten Ländern erlaubt, autonom die optionale Zuwendung von Anlagenbetreibern an Gemeinden nach § 6 Abs. 1 EEG 2023 in eine Zahlungspflicht zu ändern. Danach sollen die finanzverfassungsrechtlichen Konsequenzen geklärt werden.

1. Qualität der Öffnungsklausel

Es ist dem Bundesgesetzgeber grundsätzlich erlaubt, Ländern die Möglichkeit einzuräumen, im Bereich der konkurrierenden Gesetzgebung bestehende Bundesgesetze zu ergänzen oder durch abweichende Regeln zu modifizieren.[321] In beiden Fällen nimmt der Bundesgesetzgeber seine Regelungskompetenz nach Art. 72, 74 GG zurück und verdeutlicht zugleich, in welchem Bereich er von seiner Gesetzgebungskompetenz keinen Gebrauch gemacht hat („solange und soweit"; Art. 72 Abs. 1 GG),[322] damit der Landesgesetzgeber in dem ihm überlassenen Kompetenzbereich seine eigene Staatsgewalt ausüben kann, um neues Landesrecht zu schaffen.

---

[320] Siehe hierzu die obigen Ausführungen unter A. I. 3. b) bb).
[321] *Uhle*, in: Dürig/Herzog/Scholz, GG, 100. EL Januar 2023, Art. 72 Rn. 89 ff.; *Wollenschläger*, in: Bonner Kommentar, GG, 220. EL Juli 2023, Art. 72 Rn. 180 ff.
[322] Vgl. *Faßbender*, in: Landmann/Rohmer, Umweltrecht, 100. EL Januar 2023, WHG, § 2 Rn. 39.

2. Rechtliche Beurteilung der Zahlungspflicht

Die rechtliche Beurteilung einer landesrechtlichen Zahlungspflicht muss sich an denselben Maßstäben messen lassen, wie sie bereits zu den landesrechtlichen Regelungskonzepten (D.) näher diskutiert worden sind. Demnach bestehen gegenüber einer landesrechtlichen Zahlungspflicht grundsätzlich keine verfassungsrechtlichen Bedenken.[323] Im Fall der bundesrechtlichen Ermächtigung ist insbesondere nicht zu befürchten, dass ein Widerspruch zu existierendem Bundesrecht droht.[324]

3. Rechtliche Beurteilung des Ausgleichsanspruchs finanziert aus Bundesmitteln

Die Einführung der Zahlungspflicht durch die Länder ändert allerdings nichts an den grundsätzlichen Bedenken gegenüber einem Finanzfluss vom Bund an die Gemeinden.[325] Die verfassungsrechtliche Schranke, die Art. 104a Abs. 1 GG vorsieht, bleibt auch bei einer landesrechtlich eingeführten Zahlungspflicht bestehen. Unverändert verbietet Art. 104a Abs. 1 GG, dass es zu einer Fremd- oder Mischfinanzierung kommt, bei der der Bund Landesaufgaben finanziert.[326] Diese Regeln gelten auch dann, wenn die Initiative von den Ländern ausgeht.[327] Modifikationen dieses Grundsatzes sind nur in sehr engen Grenzen möglich,[328] die hier jedoch nicht einschlägig sind.

---

[323] Siehe hierzu die obigen Ausführungen unter D. II. 1.
[324] Siehe hierzu die bisherige Darstellung unter D. II. 1. d).
[325] Siehe hierzu bereits die obigen Ausführungen unter C. III. 3. b).
[326] BVerfG, Beschluss vom 15.07.1969 – 2 BvF 1/64 – BVerfGE 26, 338 (390f.); BVerwG, Urteil vom 17.10.1996 – 3 A 1/95 – BVerwGE 102, 119 (124).
[327] BVerwG, Urteil vom 14.06.2016 – 10 C 7/15 – BVerwGE 155, 230 Rn. 19ff.; Urteil vom 19.01.2000 – 11 C 6/99 – NVwZ 2000, 673 (675).
[328] Siehe dazu etwa *Kment*, in: Jarass/Pieroth, GG, 2022, Art. 104a Rn. 6.

F. Kontext des Gutachtens und Fazit

I. Kontext des Gutachtens

(1) Die ambitionierten Klimaziele des EEG 2023 halten dazu an, alle Optionen zur Förderung des Ausbaus erneuerbarer Energien auszuleuchten. Nachdem das BVerfG in seinem Beschluss vom 22.03.2022 – 1 BvR 1187/17 – BVerfGE 161, 63, eine landesrechtliche Regelung zur Beteiligung von Gemeinden und Bürgern an den wirtschaftlichen Erträgen von Windenergieanlagen für verfassungskonform erklärt und dieser Regelung sogar eine Vorbildfunktion zugesprochen hat, rückt auch die bundesrechtliche Regelung des § 6 EEG 2023 in den Fokus. Die bundesrechtliche Vorschrift erlaubt es nämlich Anlagenbetreibern von erneuerbaren Energien, betroffenen Standortgemeinden einseitige finanzielle Zuwendungen ohne Gegenleistung zukommen zu lassen. Die Zuwendungen, die die Akzeptanz der erneuerbaren Energien in den Ansiedlungsgebieten fördern sollen, sind jedoch nicht verpflichtend (Optionsmodell), sondern basieren auf der freien Entscheidung des Anlagenbetreibers. Für eine getätigte Zuwendung besteht die Möglichkeit, auf Seiten des Anlagenbetreibers einen Ausgleichsanspruch zu erhalten, der letztlich aus Bundesmitteln bedient wird und zu einer Kostenneutralität bei den begünstigten Anlagenbetreibern führt.

II. Änderungsaktivitäten des Bundes

(2) Die vorliegende Untersuchung hat nicht die Rechtmäßigkeit des aktuell gültigen § 6 EEG 2023 untersucht, sondern unterschiedliche Optionen von (theoretisch) denkbaren Änderungen des § 6 EEG 2023 betrachtet. Diese wurden dargestellt, diskutiert und rechtlich bewertet. Bei dieser rechtlichen Analyse kam es zu folgenden Feststellungen:

1. Verpflichtende finanzielle Beteiligung und Zweckvorgaben

(3) Die Einführung einer Zahlungspflicht von Anlagenbetreibern in § 6 EEG 2023, welche die finanzielle Beteiligung von Gemeinden steigern könnte, ist finanzverfassungsrechtlich nicht zulässig. Sie könnte nicht als nicht-steuerliche Sonderabgabe umgesetzt werden, da sie wegen des Durchgriffsverbots des Art. 84 Abs. 1 S. 7 GG die zweckgebundene Verwendung der eingenommenen Zahlungsmittel nicht sicherstellen würde. Sie könnte auch nicht als nicht-

steuerliche Vorteilsabschöpfung normiert werden, da bereits Unsicherheit bzgl. des abzuschöpfenden Vorteils besteht; jedenfalls zeigen sich verfassungsrechtliche Mängel bei der Ertragshoheit der begünstigten Standortgemeinden. Auch eine Gestaltung in der Form anderer nicht-steuerlicher Abgaben scheidet letztlich aus verfassungsrechtlichen Gründen aus.

(4) Sollte man vor dem Hintergrund dieser rechtlichen Aussagen zu nicht-steuerlichen Modellen darüber nachdenken, die Einführung einer verbindlichen Abgabenpflicht in § 6 EEG 2023 als Steuer auszugestalten, unterliegt auch dieser Ansatz finanzverfassungsrechtlichen Restriktionen. Insbesondere ermöglicht es Art. 106 GG nicht, Gemeinden als Empfänger einer solchen Steuer einzusetzen.

2. Entschädigungen

(5) In einem weiteren Teil dieser rechtlichen Analyse wurden (theoretische) Modifikationen des § 6 EEG 2023 näher untersucht, bei denen die Entschädigungsregelung des § 6 Abs. 5 EEG 2023 im Fokus steht. So konnte ermittelt werden, dass gegen eine Einführung einer verbindlichen Zahlungspflicht der Anlagenbetreiber bei anschließender vollumfänglicher Entschädigung verfassungsrechtliche Vorbehalte bestehen. Ein derartiges Kompensationsmodell, an dessen Ende Ausgleichszahlungen des Bundes stünden, wäre finanzverfassungsrechtlich unzulässig, da es eine Durchbrechung des in Art. 104a GG angelegten Konnexitätsprinzips nach sich ziehen würde.

(6) Dieselben Vorbehalte würden gegen eine finanzielle Kompensationslösung bestehen, die im Fall einer unterstellten verbindlichen Zahlungspflicht von Anlagenbetreibern lediglich ausgewählten Anlagenbetreibern eine Entschädigung zubilligt. Bei dieser Variante käme es ebenfalls zu einem unzulässigen Mittelfluss an die Standortgemeinden, der mit dem Konnexitätsprinzip des Art. 104a GG nicht in Einklang zu bringen wäre.

(7) Am Konnexitätsprinzip des Art. 104a GG scheitert auch eine dritte Variante, die im Kontext von Modifikationen des bundesrechtlichen Ausgleichsanspruchs diskutiert werden kann: Die Verengung des Kreises zahlungspflichtiger Anlagenbetreiber allein auf solche Akteure, die später einen finanziellen Ausgleich erhalten. Denn eine Reduzierung der Anzahl der aktuell Zahlungspflichtigen im Sinne des § 6 Abs. 1 EEG 2023 würde den verfassungsrechtlichen Widerspruch des hier unterstellten Modells nicht beseitigen.

3. Gesellschaftliche Beteiligungsmodelle

(8) In einem weiteren Teil der Untersuchung wurde der Frage nachgegangen, ob die Regelungen des Bürger- und Gemeindebeteiligungsgesetzes Mecklenburg-Vorpommern (BüGembeteilG MV) auf die Bundesebene übertragbar sind

bzw. ob die BVerfG-Entscheidung zu diesem Gesetz mehr Handlungsoptionen auf Bundesebene eröffnet. Die Aus- und Bewertung der Entscheidung des BVerfG ergab ein uneinheitliches Bild bei der verfassungsrechtlichen Beurteilung: Es wäre verfassungsrechtlich nicht zu beanstanden, wenn auf Bundesebene eine Pflicht für Anlagenbetreiber eingeführt würde, Standortgemeinden eine gesellschaftsrechtliche Beteiligung zum Kauf anbieten zu müssen. Diese Änderungsvariante würde nämlich keine *Zahlungs*pflichten auslösen und wäre daher nicht an Art. 104a ff. GG zu messen. Vielmehr würde eine *Handlungs*pflicht begründet, die – wie vom BVerfG festgestellt – den Anforderungen des Grundgesetzes genügen würde und von Art. 20a GG getragen wäre.

(9) Demgegenüber wäre es dem Bund verfassungsrechtlich versagt, eine Ausgleichszahlung zu normieren, die – in Anlehnung an das BüGembeteilG MV – an die Stelle des Kaufangebots träte. Insofern käme es jedenfalls zu Verstößen gegen das Gebot der finanziellen Trennung von Bund und Kommunen nach Art. 104a GG.

(10) Sollte man sich auf der Ebene des Bundes für eine (zulässige) gesellschaftsrechtliche Beteiligung entschließen, könnte diese (theoretisch) um eine Entschädigungsregelung ergänzt werden, die – in Anlehnung an den existierenden § 6 Abs. 5 EEG 2023 – einen finanziellen Ausgleich für die betroffenen Anlagenbetreiber oder bestimmte Anlagenbetreiber bereithält. Gegen eine solche Gesetzesinitiative bestehen keine finanzverfassungsrechtlichen Bedenken, denn die Standortgemeinden würden in dieser Änderungsvariante keinen finanziellen Ausgleich durch den Bund erlangen, sondern ausschließlich gesellschaftsrechtliche Beteiligungen an Windenergieanlagen von einer Privatperson kaufen. Die Vorgaben des Art. 104a GG blieben somit gewahrt.

(11) Die nähere verfassungsrechtliche Untersuchung hat belegt, dass selbst eine Verengung des Kreises entschädigungsberechtigter Anlagenbetreiber finanzverfassungsrechtlich nicht zu beanstanden wäre. Es sollte allerdings mit Blick auf Art. 3 Abs. 1 GG darauf geachtet werden, sachlich tragfähige Differenzierungskriterien bei der Auswahl der Entschädigungsberechtigten festzulegen, sofern man dieses Modell umsetzen möchte.

III. Änderungsaktivitäten auf Ebene der Länder

(12) Die hier unternommene Untersuchung hat sich nicht allein auf die rechtlichen Gestaltungsmöglichkeiten des Bundes beschränkt, sondern auch die Handlungsmöglichkeiten des Landesgesetzgebers verfassungsrechtlich analysiert. Hierbei konnten folgende Erkenntnisse gehoben werden:

1. Abgabenpflicht

(13) Sollte ein Land erwägen, eine verbindliche Abgabenpflicht landesrechtlich einzuführen, die nicht an die Stelle eines gesellschaftsrechtlichen Kaufangebots tritt (so der Fall beim BüGembeteilG MV), sondern originär für sich steht, wäre Mehreres zu beachten: Zunächst lässt sich hinsichtlich der rechtlichen Einordnung einer solchen Abgabe keine abschließende Aussage treffen, was die verfassungsrechtliche Beurteilung der Abgabenpflicht erschwert. Zwar würde eine solche Regelung wohl keine Verstöße gegen Grundrechte nach sich ziehen und wäre wohl auch aus finanzverfassungsrechtlicher Sicht unproblematisch. Eine spürbare Spannungslage würde sich allerdings zum bestehenden § 6 EEG 2023 entwickeln. Da es § 6 EEG 2023 in seiner aktuellen Form den Anlagenbetreibern freistellt, Zahlungen an Standortgemeinden vorzunehmen und damit gerade *keine* Zahlungspflicht ausspricht, würde eine landesgesetzlich angeordnete Zahlungspflicht im Fall ihrer Umsetzung einen Normkonflikt im Sinne des Art. 72 Abs. 1 GG hervorrufen. Daher ist es überraschend, dass das BVerfG gleichwohl keinen Widerspruch zum Grundgesetz erkennt. Sollte der Bundesgesetzgeber die Einführung einer landesgesetzlichen Zahlungspflicht (ohne Erstattung aus dem Bundeshaushalt – dazu nachfolgend) unterstützen wollen, wäre er deshalb gut beraten, dem Landesgesetzgeber in § 6 EEG 2023 ausdrücklich das Recht zur Einführung einer verpflichtenden Abgabe einzuräumen, um ein Restrisiko und rechtliche Unstimmigkeiten zu vermeiden.

2. Entschädigungen

(14) Ein näherer Blick auf finanzielle Ausgleichsansprüche (im Fall der Einführung einer landesrechtlichen Zahlungspflicht), die man betroffenen Anlagenbetreibern landesrechtlich zubilligen könnte, ergab folgenden Befund: Der Landesgesetzgeber müsste eine Abgabenpflicht von Anlagenbetreibern nicht durch eine finanzielle Entschädigung aus Landesmitteln ausgleichen. Würde er sich dennoch dazu entschließen (möglicherweise auch unter bestimmten Voraussetzungen bzw. unter Fokussierung auf ausgewählte Anlagenbetreiber), bestünden keine verfassungsrechtlichen Bedenken. Die (mittelbar) begünstigten Kommunen wären nämlich finanzverfassungsrechtlich den Ländern gleichgestellt, sodass ein möglicherweise geschaffener Mittelfluss von den Ländern zu den Gemeinden finanzverfassungsrechtlich unproblematisch wäre.

IV. Kombination von Bundes- und Landesrecht

(15) Abschließend wurde eine rechtliche Konstruktion untersucht, bei der Bundes- und Landesrecht ineinandergreifen würden. Dabei wurde unterstellt, dass sich

IV. Kombination von Bundes- und Landesrecht

der Bund dazu entschließen würde, im Rahmen des § 6 EEG 2023 den Ländern die Möglichkeit einzuräumen, die optionale Zuwendungsmöglichkeit des § 6 Abs. 1 EEG 2023 durch eine verbindliche Zahlungspflicht zu ersetzen. Bei dieser untersuchten Variante handelt es sich qualitativ um eine verfassungsrechtlich zulässige sog. „Öffnungsklausel", die im Rahmen der konkurrierenden Gesetzgebung nach Art. 72, Art. 74 Abs. 1 Nr. 11 GG grundsätzlich zulässig wäre.

(16) Eine hieran anknüpfende landesrechtliche Zahlungspflicht wäre ebenfalls verfassungsrechtlich unbedenklich (vgl. bereits Nr. 13). Insbesondere würde kein Konflikt mit Art. 72 GG drohen, da eine konkurrierende Bundesregelung durch die Öffnungsklausel gerade ausdrücklich ausgeschlossen wäre. Gleichwohl würde diese Variante auf verfassungsrechtliche Vorbehalte treffen. Die untersuchte Änderungsvariante wäre nämlich mit Art. 104a GG unvereinbar, da sie eine Ausgleichszahlung etablieren würde, die durch Bundesmittel abgesichert wäre. Dies hätte einen Mittelfluss zur Folge, der vom Bund an die begünstigten Kommunen erfolgen und damit Art. 104a GG verletzt würde (vgl. bereits Nr. 5 ff.).

Literaturverzeichnis

Baur, Kathrina/*Lehnert*, Wieland/*Vollprecht*, Jens, Die finanzielle Beteiligung von Gemeinden an Windenergieprojekten gemäß § 6 Abs. 1 Nr. 1 EEG 2021 aus kommunaler Sicht – Entstehungsgeschichte und allgemeine rechtliche Praxisfragen (Teil 1), KommJur 2021, S. 361–367 (zitiert: *Baur/Lehnert/Vollprecht*, KommJur 2021, 361).

Dreier, Horst, Grundgesetz Kommentar, Band 3, Artikel 83–146, 3. Auflage, Tübingen 2018 (zitiert: *Bearbeiter*, in: Dreier, GG, 3. Auflage 2018).

Dürig, Günter/*Herzog*, Roman/*Scholz*, Rupert, Grundgesetz Kommentar, 100. EL, München 2023 (zitiert: *Bearbeiter*, in: Dürig/Herzog/Scholz, GG, 100. EL Januar 2023).

Erbguth, Wilfried, Durch Akzeptanz vermittelte Gemeinwohlziele? – anhand BVerfG, Beschl. v. 23.03.2022 – 1 BvR 1187/17, DVBl. 2023, 133–141 (zitiert: *Erbguth*, DVBl. 2023, 133).

Friauf, Karl-Heinrich/*Höfling*, Wolfram, Berliner Kommentar zum Grundgesetz, Berlin 2021 (zitiert: *Bearbeiter*, in: Friauf/Höfling, GG, 2021).

Grigoleit, Klaus Joachim/*Engelbert*, Julian/*Strothe*, Lena/*Klanten*, Moritz, Booster für die Windkraft – Aspekte zur Beschleunigung der Windenergieplanung Onshore, NVwZ 2022, 512–518 (zitiert: *Grigoleit/Engelbert/Strothe/Klanten*, NVwZ 2022, 512).

Hendler, Reinhard, Zur rechtlichen Beurteilung von Umweltabgaben am Beispiel des Wasserpfennigs, NuR 1989, 22–29 (zitiert: *Hendler*, NuR 1989, 22).

Herdegen, Matthias/*Masing*, Johannes/*Poscher*, Ralf/*Gärditz*, Klaus Ferdinand, Handbuch des Verfassungsrechts; Darstellung in transnationaler Perspektive, München 2021 (zitiert: *Bearbeiter*, in: Herdegen/Masing/Poscher/Gärditz, Handbuch des Verfassungsrechts, 2021).

IÖW/IKEM/BBH/BBHC, Finanzielle Beteiligung von betroffenen Kommunen bei Planung, Bau und Betrieb von erneuerbaren Energien, Berlin 2020 (zitiert: *IÖW/IKEM/BBH/BBHC*, Finanzielle Beteiligung von betroffenen Kommunen bei Planung, Bau und Betrieb von erneuerbaren Energien, 2020).

Isensee, Josef/*Kirchhof*, Paul, Handbuch des Staatsrechts, Band V Rechtsquellen, Organisation, Finanzen, 3. Auflage, Heidelberg 2007 (zitiert: *Bearbeiter*, in: Isensee/Kirchhof, Handbuch des Staatsrechts, Band V, 3. Auflage 2007).

Isensee, Josef/*Kirchhof*, Paul, Handbuch des Staatsrechts, Band VI Bundesstaat, 3. Auflage, Heidelberg 2008 (zitiert: *Bearbeiter*, in: Isensee/Kirchhof, Handbuch des Staatsrechts, Band VI, 3. Auflage 2008).

Jarass, Hans D., Bundes-Immissionsschutzgesetz: BImSchG, 14. Auflage, München 2022 (zitiert: *Bearbeiter*, in: Jarass, BImSchG, 14. Auflage 2022).

Jarass, Hans D., Nichtsteuerliche Abgaben und lenkende Steuern unter dem Grundgesetz, Köln 1999 (zitiert: *Jarass*, Nichtsteuerliche Abgaben und lenkende Steuern unter dem Grundgesetz, 1999).

Jarass, Hans D./*Pieroth*, Bodo, Grundgesetz für die Bundesrepublik Deutschland Kommentar, München 2022 (zitiert: *Bearbeiter*, in: Jarass/Pieroth, GG, 2022).

Jochum, Heike, Neustrukturierung der Sonderabgabendogmatik, StuW 2006, S. 134–140 (zitiert: *Jochum*, StuW 2006, 134).

Kahl, Wolfgang/*Ludwigs*, Markus, Handbuch des Verwaltungsrechts, Band III: Verwaltung und Verfassungsrecht, Heidelberg 2022 (zitiert: *Bearbeiter*, in: Kahl/Ludwigs, Handbuch des Verwaltungsrechts, Band III, 2022).

Kahl, Wolfgang/*Waldhoff*, Christian/*Walter*, Christian, Bonner Kommentar zum Grundgesetz, 220. EL, Heidelberg 2023 (zitiert: *Bearbeiter*, in: Bonner Kommentar, GG, 220. EL Juli 2023).

Kahl, Hartmut/*Wegner*, Nils, Kommunale Teilhabe an der lokalen Wertschöpfung der Windenergie, Würzburg 2018 (zitiert: *Kahl/Wegner*, Kommunale Teilhabe an der lokalen Wertschöpfung der Windenergie, 2018).

Kloepfer, Michael/*Durner*, Wolfgang, Umweltschutzrecht, 3. Auflage, München 2020 (zitiert: *Kloepfer/Durner*, Umweltschutzrecht, 3. Auflage 2020).

Kment, Martin, Eine neue Ära beim Ausbau von Windenergieanlagen. Das aktuelle Wind-an-Land-Gesetzespaket in der Analyse, NVwZ 2022, S. 1153–1159 (zitiert: *Kment*, NVwZ 2022, 1153).

Köck, Wolfgang, Zur Parallelität von Wassernutzungsrechten und Windnutzungsrechten, ZUR 2017, 684–690 (zitiert: *Köck*, ZUR 2017, 684).

Köck, Wolfgang/*Gawel*, Erik, Grundwasserentnahmeabgaben beim Kohlebergbau – Zur Rechtsprechung des BVerfG und des BVerwG, ZUR 2022, 541–549 (zitiert: *Köck/Gawel*, ZUR 2022, 541).

Köck, Wolfgang/*Rheinschmitt*, Christoph, Länderkompetenzen für die Erhebung einer nichtsteuerlichen Abgabe auf die Windenergienutzung im Außenbereich, NVwZ 2020, 1697–1703 (zitiert: *Köck/Rheinschmitt*, NVwZ 2020, 1697).

Korioth, Stefan, Entlastung der Kommunen durch unmittelbare Finanzbeziehungen zum Bund?, NVwZ 2005, 503–508 (zitiert: *Korioth*, NVwZ 2005, 503).

Landmann, Robert von/*Rohmer*, Gustav, Umweltrecht, Band 1, 100. EL Januar, München 2023 (zitiert: *Bearbeiter*, in: Landmann/Rohmer, Umweltrecht, 100. EL Januar 2023).

Maly, Christian, Windenergieprojekte und Finanzielle Beteiligung, Berlin 2020 (zitiert: *Maly*, Windenergieprojekte und Finanzielle Beteiligung, 2020).

Mangoldt, Hermann von/*Klein*, Friedrich/*Starck*, Christian, Grundgesetz, Band 1, Präambel, Artikel 1–19, 7. Auflage, München 2018 (zitiert: *Bearbeiter*, in: Mangoldt/Klein/Starck, GG, 7. Auflage 2018).

Mangoldt, Hermann von/*Klein*, Friedrich/*Starck*, Christian, Grundgesetz, Band 3, Artikel 83–146, 7. Auflage, München 2018 (zitiert: *Bearbeiter*, in: Mangoldt/Klein/Starck, GG, 7. Auflage 2018).

Meyer, Hubert, Verbot des Aufgabendurchgriffs konkretisiert kommunale Selbstverwaltungsgarantie, NVwZ 2020, 1731–1735 (zitiert: *Meyer*, NVwZ 2000, 1731).

Münch, Ingo von/*Kunig*, Philip, Grundgesetz-Kommentar: GG, Band 2, Art. 70 bis 146, 7. Auflage, München 2021 (zitiert: *Bearbeiter*, in: Münch/Kunig, GG, 7. Auflage 2021).

Murswiek, Dietrich, Ein Schritt in Richtung auf ein ökologisches Recht; Zum „Wasserpfennig"-Beschluß des BVerfG, NVwZ 1996, 417–421 (zitiert: *Murswiek*, NVwZ 1996, 417).

Ossenbühl, Fritz, Zur Rechtfertigung von Sonderabgaben mit Finanzierungszweck, DVBl. 2005, 667–675 (zitiert: *Ossenbühl*, DVBl. 2005, 667).

Rheinschmitt, Christoph, BVerfG-Beschluss zum Bürger- und Gemeindenbeteiligungsgesetz Mecklenburg-Vorpommern, ZUR 2022, 532–541 (zitiert: *Rheinschmitt*, ZUR 2022, 532).

Sachs, Michael, Grundgesetz Kommentar, 9. Auflage, München 2021 (zitiert: *Bearbeiter*, in: Sachs, GG, 9. Auflage 2021).

Säcker, Franz Jürgen/*Steffens*, Juliane, Berliner Kommentar zum Energierecht, Band 8, EEG – Erneuerbare-Energien-Gesetz 2021, mit EEG-Rechtsverordnungen und WindSeeG – Windenergie-auf-See-Gesetz, 5. Auflage, Frankfurt 2022 (zitiert: *Bearbeiter*, in: Säcker/Steffens, Berliner Kommentar zum Energierecht, 2022).

Salje, Peter, EEG 2021 – Kommentar; Gesetz für den Ausbau erneuerbarer Energien, 9. Auflage, Hürth 2021 (zitiert: *Salje*, EEG 2021, 9. Auflage 2021).

Salje, Peter, EEG 2021 – Kommentar; Gesetz für den Ausbau erneuerbarer Energien, 10. Auflage, Hürth 2023 (zitiert: *Salje*, EEG 2021, 10. Auflage 2023).

Salje, Peter, EEG 2023 – Kommentar; Gesetz für den Ausbau erneuerbarer Energien, 10. Auflage, Hürth 2023 (zitiert: *Salje*, EEG 2023, 10. Auflage 2023).

Schoch, Friedrich, Verfassungswidrigkeit des bundesgesetzlichen Durchgriffs auf Kommunen, DVBl. 2007, 261–269 (zitiert: *Schoch*, DVBl. 2007, 261).

Stäsche, Uta, Entwicklungen des Klimaschutzrechts und der Klimaschutzpolitik 2022, EnWZ 2022, 435–445 (zitiert: *Stäsche*, EnWZ 2022, 435).

Vollprecht, Jens, Erhöhung der Akzeptanz von Windenergieanlagen: Übertragung von Regelungsansätzen aus dem Jagd- und Fischereirecht, ZUR 2017, 698–704 (zitiert: *Vollprecht*, ZUR 2017, 698).

Weidinger, Roman, Immer wieder Streit um Abgaben – § 6 EEG 2021 (zuvor § 36k EEG 2021) im Lichte der Finanzverfassung, ZNER 2021, 335–341 (zitiert: *Weidinger*, ZNER 2021, 335).

Wernsmann, Rainer/*Bering*, Simon, Verfassungsrechtliche Anforderungen an Vorteilsabschöpfungsabgaben. Am Beispiel der CO_2-Bepreisung nach dem Brennstoffemissionshandelsgesetz (BEHG), NVwZ 2020, 497–504 (zitiert: *Wernsmann/Bering*, NVwZ 2020, 497).

Stichwortverzeichnis

Abwasserabgabe 54
Akzeptanzförderung 17, 40, 45, 58, 68
Anreizfunktion 40, 69
Antriebsfunktion 40
Ausgaben 29 f., 58 f., 70
Ausgabenlast 30, 70
Ausgabenverantwortung 29 f., 59
Ausgleichsfunktion 40, 69
Ausgleichszahlung 38 f., 59, 63, 71
Autonomie der Länder 30, 47, 70

Bewirtschaftungsregime 27, 53
– wasser-rechtlich 52 f.

Durchgriffsverbot 33 f., 45

EEG-Konto 44, 58, 59, 60, 64
Emissionshandel 53
Entschädigungsanspruch 64

Informationspflicht 38, 43

Klimawandel 42, 70
Kommunale Selbstverwaltung 34, 50

Kompetenz 23, 25, 28, 31 f., 38 f., 41, 54 f., 57, 73
– Ertragskompetenz 54 f., 69
– Residualkompetenz 32
– Sachkompetenz 23, 25, 28, 31, 39 f., 70
– Verwaltungskompetenz 20, 29, 32, 54
Konnexitätsgebot 59
Kostentragung 47

Projektgesellschaft 35 f., 37 f., 40 f., 42, 62, 71

Sicherung der Stromversorgung 42
Sonderabgabe 23, 24 ff., 49 f., 51 f., 54, 56 f., 67 ff.
Sondervorteil 26 f., 52 f., 54
Steuer 21 ff., 28, 31, 39 f., 49 ff., 56 f.
– Gewerbesteuer 57
– Grundsteuer 57

Zahlungspflicht 48 f., 57 ff., 67, 71 f., 74
Zweckbindung 22, 39, 49 ff., 56
– Sonderfonds 25, 49, 50, 51

Julia Herdy

Die hoheitliche Verteilung knapper Güter am Beispiel der Förderung erneuerbarer Energien

Ausschreibungen im EEG als Verteilungsverfahren

Seit dem Inkrafttreten des EEG besteht das grundlegende Ziel in der Erhöhung des Anteils erneuerbarer Energien an der Stromerzeugung. Mit der Einführung von Ausschreibungen fand eine Umstellung von einer gesetzlichen Festlegung hin zu einer wettbewerblichen Ermittlung der Förderung erneuerbarer Energien statt. So erhält nicht mehr jeder Antragsteller bei Erfüllung der Voraussetzungen eine Förderberechtigung, sondern der Umfang des Ausbaus erneuerbarer Energien wird mengenmäßig genau begrenzt. Dies führt zu einer Knappheitssituation, die den Staat zwingt, eine Auswahl unter den Antragstellern vorzunehmen. Auch wenn ein derartiges Verfahren im EEG neu war, so sind diese Kriterien aus zum Teil völlig anderen Rechtsbereichen bekannt, in denen die öffentliche Hand ebenfalls eine Ausschreibung bzw. Verteilung durchführt. Dabei kann anhand des sog. Verteilungsverfahrens das spezifische Fachrecht der erneuerbaren Energien aus einer allgemeinen Perspektive betrachtet werden.

Schriften zum Deutschen und
Europäischen Infrastrukturrecht, Band 24
388 Seiten, 2023
ISBN 978-3-428-18882-6, € 99,90
Titel auch als E-Book erhältlich.

www.duncker-humblot.de